D1574577

Aufsätze

Oswald Spengler

Aufsätze

Voltmedia

ISBN 978-3-86763-606-3

Einbandgestaltung: Oliver Wirth, Paderborn
Gesamtherstellung: GGP Media GmbH, Pößneck
www.voltmedia.de

Inhalt

DER MENSCH UND DIE TECHNIK

Beitrag zu einer
Philosophie des Lebens

Vorwort

Ich lege auf den folgenden Seiten eine kleine Anzahl von Gedanken vor, die ich einem größeren Werk entnommen habe, an dem ich seit Jahren arbeite. Es war meine Absicht, die Betrachtungsweise, welche ich im „Untergang des Abendlandes" ausschließlich auf die Gruppe der hohen Kulturen angewandt hatte, nun an deren historischer Voraussetzung, *der Geschichte des Menschen von seinem Ursprung an*, zu erproben. Ich habe bei jenem Werk die Erfahrung gemacht, dass die meisten Leser nicht imstande sind, den Überblick über die ganze Gedankenmasse zu behalten, dass sie sich deshalb in die ihnen geläufigeren Einzelgebiete verlieren und das Übrige schief oder gar nicht sehen und infolgedessen ein falsches Bild gewinnen, sowohl von dem, was ich sagte, als von dem, wovon es gesagt war. Es ist nach wie vor meine Überzeugung, dass man das Schicksal des Menschen nur verstehen wird, wenn man *alle* Gebiete seines Wirkens *zugleich*, *vergleichend*, betrachtet und nicht den Fehler begeht, etwa von der Politik, der Religion oder der Kunst allein aus einzelne *Seiten* seines Daseins zu erleuchten in dem Glauben, damit *alles* erschlossen zu haben. Trotzdem wage ich den Versuch, hier eine kleine Anzahl von Fragen zu stellen, die in sich zusammenhängen und deshalb wohl geeignet sind, einen vorläufigen Eindruck von dem großen Geheimnis des Menschenschicksals zu gewähren.

DIE TECHNIK ALS TAKTIK DES LEBENS

1

Das Problem der Technik und ihres Verhältnisses zu Kultur und Geschichte taucht erst im 19. Jahrhundert auf. Das 18. hatte mit der gründlichen Skepsis, dem Zweifel, welcher der Verzweiflung gleichkommt, die Frage nach Sinn und Wert der *Kultur* gestellt – eine Frage, die zu weiteren, immer zersetzenderen Fragen führte und damit die Grundlagen der Möglichkeit schuf, im 20. Jahrhundert, heute, die Weltgeschichte überhaupt als Problem zu sehen.

Damals, im Zeitalter von Robinson und Rousseau, der englischen Parks und der Schäferpoesie, hatte man im „ursprünglichen" Menschen selbst eine Art von Schäflein gesehen, friedlich und tugendhaft und später nur durch die Kultur verdorben. Technisches übersah man vollständig und hielt es jedenfalls – moralischen Betrachtungen gegenüber – der Beachtung nicht für wert.

Aber die seit Napoleon ins Riesenhafte wachsende Maschinentechnik Westeuropas mit ihren Fabrikstädten, Eisenbahnen und Dampfschiffen zwang endlich dazu, das Problem ernstlich zu stellen. Was bedeutet Technik? Welchen Sinn innerhalb der Geschichte, welchen Wert im Leben der Menschen, welchen sittlichen oder metaphysischen Rang hat sie? Es gab zahlreiche Antworten darauf, aber sie lassen sich im Grunde auf zwei zurückführen.

Auf der einen Seite waren es die Idealisten und Ideologen, die Nachzügler des humanistischen Klassizismus der Goethezeit, welche technische Dinge und Wirtschaftsfragen überhaupt als außerhalb und *unterhalb* der Kultur stehend verachteten. Goethe in seinem großen Sinn für alles Wirkliche hatte im zweiten „Faust“ versucht, in die tiefsten Tiefen dieser neuen Tatsachenwelt einzudringen. Aber schon bei Wilhelm von Humboldt beginnt die wirklichkeitsfremde, philologische Ansicht der Geschichte, wonach man schließlich den Rang einer historischen Epoche an der Menge von Bildern und Büchern abzählte, die damals entstanden waren. Ein Herrscher besaß nur dann Bedeutung, wenn er sich als Mäzen bewährte. Was er sonst noch war, kam nicht in Betracht. Der Staat war eine beständige Störung der wahren Kultur, die in Hörsälen, Gelehrtenstuben und Ateliers vor sich ging, der Krieg eine unwahrscheinliche Barbarei aus vergangenen Zeiten und die Wirtschaft irgendetwas Prosaisches und Dummes, über das man hinwegsah, obwohl man es täglich in Anspruch nahm. Einen großen Kaufmann oder Ingenieur neben Dichtern und Denkern zu nennen war beinahe Majestätsbeleidigung gegenüber der „wahren“ Kultur. Man sehe sich daraufhin Jacob Burckhardts „Weltgeschichtliche Betrachtungen“ an. Aber das war der Standpunkt der meisten Kathederphilosophen und selbst vieler Historiker bis herab zu den Literaten und Ästheten heutiger Großstädte, welche die Anfertigung eines Romans für wichtiger halten als die Konstruktion eines Flugzeugmotors.

Auf der anderen Seite stand der Materialismus von wesentlich englischer Herkunft, die große Mode der Halbgebildeten in der zweiten Hälfte des vorigen Jahrhunderts, der liberalen Feuilletons und radikalen Volksversammlungen, der Marxisten und der sozialethischen Schriftsteller, die sich für Denker und Dichter hielten.

Fehlte es jenen an Sinn für die Wirklichkeit, so diesen in bestürzendem Grade an Tiefe. Das Ideal war ausschließlich der *Nutzen*. Was der „Menschheit" nützlich war, gehörte zur Kultur, *war* Kultur. Das andere war Luxus, Aberglaube oder Barbarei.

Aber nützlich war, was dem „Glück der meisten" diente. Und Glück bestand im Nichtstun. Das ist im letzten Grunde die Lehre von Bentham, Mill und Spencer. Das Ziel der Menschheit bestand darin, dem Einzelnen einen möglichst großen Teil der Arbeit abzunehmen und der Maschine aufzubürden. Freiheit vom „Elend der Lohnsklaverei" und Gleichheit im Amüsement, Behagen und „Kunstgenuss": das *„panem et circenses"* der späten Weltstädte meldet sich an. Die Fortschrittsphilister begeisterten sich über jeden Druckknopf, der eine Vorrichtung in Bewegung setzte, die – angeblich – menschliche Arbeit ersparte. Anstelle der echten Religion früher Zeiten tritt die platte Schwärmerei für die „Errungenschaften der Menschheit", worunter lediglich Fortschritte der Arbeit ersparenden und amüsierenden Technik verstanden wurden. Von der Seele war nicht die Rede.

Das ist nicht der Geschmack der großen Erfinder selbst, mit wenigen Ausnahmen, und auch nicht der Kenner technischer Probleme, sondern ihrer *Zuschauer*, die selbst nichts erfinden können und jedenfalls nichts davon verstanden, die aber dabei etwas für sich witterten. Und mit dem ganzen Mangel an Einbildungskraft, der den Materialismus aller Zivilisationen kennzeichnet, wird nun ein Bild der Zukunft entworfen, die ewige Seligkeit auf Erden, ein Endziel und Dauerzustand unter Voraussetzung der technischen Tendenzen etwa der achtziger Jahre* – in bedenklichem Widerspruch zum *Begriff* des Fortschrittes, der den „Zustand" ausschließt: Bücher wie „Der alte und neue Glaube" von Strauß, Bellamys „Rückblick aus dem Jahre 2000 auf 1887" und Bebels „Die Frau und der Sozialismus". Kein Krieg mehr, kein Unterschied mehr von Rassen, Völkern, Staaten, Religionen, keine Verbrecher und Abenteurer, keine Konflikte infolge von Überlegenheit und Anderssein, kein Hass, keine Rache mehr, nur unendliches Behagen durch alle Jahrtausende hin. Solche Albernheiten lassen heute noch, wo wir die Endphasen dieses trivialen Optimismus erleben, mit Grauen an die entsetzliche Langeweile denken – das *taedium vitae*** der römischen Kaiserzeit – die sich beim bloßen Lesen solcher Idyllen über die Seele breitet und in Wirklichkeit bei auch nur teilweiser Verwirklichung zu massenhaftem Mord und Selbstmord führen würde.

Beide Ansichten sind heute veraltet. Das 20. Jahrhundert ist endlich reif geworden, um in den letzten Sinn der *Tatsachen* einzudringen, aus deren Gesamtheit die *wirkliche* Weltgeschichte besteht. Es handelt sich nicht mehr darum, nach dem privaten Geschmack Einzelner und

---

* Die 1880er Jahre. *Die Herausgeber.*

** Lebensekel. *Die Herausgeber.*

ganzer Massen die Dinge und Ereignisse im Hinblick auf eine rationalistische *Tendenz*, auf eigne Wünsche oder Hoffnungen hin zu deuten. Anstelle des „So soll es sein" oder „So sollte es sein" tritt das unerbittliche „So ist es und so *wird* es sein". Eine stolze Skepsis legt die Sentimentalitäten des vorigen Jahrhunderts ab. Wir haben gelernt, dass Geschichte etwas ist, das nicht im Geringsten auf unsere Erwartungen Rücksicht nimmt.

Der physiognomische Takt, wie ich das bezeichnet habe,* was allein zum Eindringen in den Sinn alles Geschehens befähigt, der Blick Goethes, der Blick geborener Menschenkenner, Lebenskenner, Geschichtskenner über die Zeiten hin erschließt im Einzelnen dessen tiefere Bedeutung.

---

* „Untergang des Abendlandes", Bd. I, Kap. II.

2

Um das Wesen des Technischen zu verstehen, darf man nicht von der Maschinentechnik ausgehen, am wenigsten von dem verführerischen Gedanken, dass die Herstellung von Maschinen und Werkzeugen der *Zweck* der Technik sei.

In Wirklichkeit ist die Technik uralt. Sie ist auch nichts historisch Besonderes, sondern etwas ungeheuer Allgemeines. Sie reicht weit über den Menschen zurück in das Leben der Tiere, und zwar *aller* Tiere. Zum Lebenstypus des Tieres im Unterschied von dem der Pflanze gehört die freie Beweglichkeit im Raum, die relative Willkür und Unabhängigkeit von der gesamten übrigen Natur und damit die Notwendigkeit, sich gegen diese zu behaupten, dem eigenen Dasein eine Art von Sinn, Inhalt und Überlegenheit zu geben. Nur von der Seele her lässt sich die Bedeutung des Technischen erschließen.

Denn das frei bewegliche Leben der Tieres* ist Kampf und nichts anderes, und die *Taktik* des Lebens, ihre Über- oder Unterlegenheit dem „anderen" gegenüber, sei es die lebende oder leblose Natur, entscheidet über die *Geschichte* dieses Lebens, darüber, ob es dessen Schicksal ist, Geschichte von anderen zu erleiden oder selbst für andere zu sein. *Die Technik ist die Taktik des ganzen Lebens.*

---

* „Untergang des Abendlandes", Bd. II, Kap. I, Anfang.

Sie ist die innere Form des *Verfahrens* im Kampf, der mit dem Leben selbst gleichbedeutend ist.

Das ist der andere Fehler, der hier vermieden werden muss: *Technik ist nicht vom Werkzeug her* zu verstehen. Es kommt nicht auf die Herstellung von Dingen an, sondern auf das *Verfahren mit ihnen*, nicht auf die Waffe, sondern auf den *Kampf*. Und wie im modernen Krieg die Taktik, also die Technik der Kriegs*führung* das Entscheidende ist, und die Techniken des Erdenkens, des Herstellens, der Anwendung von Waffen nur als Elemente des Gesamtverfahrens gelten dürfen, so ist es überall. Es gibt zahllose Techniken ohne irgendwelche Werkzeuge: die Technik eines Löwen, der eine Gazelle überlistet, und die diplomatische Technik. Die Verwaltungstechnik als das In-Form-Halten des Staates für die Kämpfe der politischen Geschichte. Es gibt chemische und gastechnische Verfahren. Es gibt bei jedem Kampf um ein Problem eine logische Technik. Es gibt eine Technik der Pinselführung, des Reitens, der Lenkung eines Luftschiffes. Es handelt sich *nicht* um Dinge, sondern immer um *eine Tätigkeit, die ein Ziel hat.* Das wird gerade von der vorgeschichtlichen Forschung oft übersehen, die viel zu viel an die Gegenstände in den Museen denkt und zu wenig an die zahllosen Verfahren, die vorhanden gewesen sein müssen, aber keine Spur hinterlassen haben.

Jede Maschine *dient* nur einem Verfahren und ist aus dem *Denken dieses Verfahrens* heraus entstanden. Alle Verkehrsmittel haben sich aus dem Denken des Fahrens, Ruderns, Segelns, Fliegens entwickelt und nicht etwa aus der Vorstellung des Wagens oder Bootes. Die Methode selbst ist eine Waffe. Und deshalb ist Technik kein „Teil“ der

Wirtschaft, so wenig Wirtschaft neben Krieg und Politik ein für sich bestehender „Teil" des Lebens ist. Alles das sind *Seiten* des einen, tätigen, kämpfenden, durchseelten Lebens. Aber es führt allerdings ein Weg vom Urkrieg früher Tiere zu den Verfahren der modernen Erfinder und Ingenieure und ebenso von der Urwaffe, der List, zur Konstruktion der Maschine, mit welcher der heutige Krieg gegen die Natur durchgeführt, die Natur überlistet wird.

Man nennt das Fortschritt. Es war das große Wort des vorigen Jahrhunderts*. Man sah die Geschichte wie eine Straße vor sich, auf welcher „die Menschheit" tapfer immer weiter marschierte – das heißt im Grunde nur die weißen Völker, das heißt nur die Großstädter unter ihnen, das heißt unter diesen nur die „Gebildeten".

Aber wohin? Wie lange? *Und was dann*?

Er war etwas lächerlich, dieser Marsch ins Unendliche, nach einem Ziel, an das man nicht ernsthaft dachte, das man nicht deutlich vorzustellen suchte, nicht vorzustellen *wagte*, denn ein Ziel ist ein *Ende*. Niemand tut etwas, ohne den Gedanken an den Augenblick, wo er das erreicht hat, was er wollte. Man führt keinen Krieg, man fährt nicht zur See, man macht nicht einmal einen Spaziergang, ohne an die Dauer und den *Abschluss* zu denken. Jeder wirklich schöpferische Mensch kennt und fürchtet die Leere, die auf die Vollendung eines Werkes folgt.

Zur Entwicklung gehört die *Vollendung* – jede Entwicklung hat einen Anfang, jede Vollendung *ist ein Ende* –,

---

* Gemeint ist hier das 19. Jahrhundert. *Die Herausgeber.*

zur Jugend gehört das Alter, zum Entstehen das Vergehen, zum Leben der Tod. Das Tier, mit seinem Denken an die Gegenwart gebunden, kennt und ahnt den Tod als etwas Zukünftiges, ihm Drohendes *nicht*. Es kennt nur die Todesangst im *Augenblick* des Getötetwerdens. Der Mensch aber, dessen Denken sich von dieser Fessel des Jetzt und Hier befreit hat und über das Gestern und Morgen, das „Einst" von Vergangenheit und Zukunft grübelnd hinschweift, kennt ihn im Voraus und es hängt von der Tiefe seines Wesens und seiner Weltanschauung ab, ob er die Furcht vor dem Ende überwindet oder nicht. Nach einer althellenischen Sage, die in der Ilias vorausgesetzt wird, war Achill von seiner Mutter vor die Wahl gestellt worden, ob er ein langes Leben wünsche oder ein kurzes voller Taten und Ruhm, und er wählte das letzte.

Man war – und ist – zu flach und feige, die Tatsache der *Vergänglichkeit* alles Lebendigen zu ertragen. Man wickelt sie in einen rosaroten Fortschrittsoptimismus, an den im Grunde selbst niemand glaubt, man deckt sie mit Literatur zu, man verkriecht sich hinter Idealen, um nichts zu sehen. Aber Vergänglichkeit, Entstehen *und* Vergehen, ist die *Form alles Wirklichen*, von den Sternen an, deren Schicksal für uns unberechenbar ist, bis herab zu dem flüchtigen Gewimmel auf diesem Planeten. Das Leben des Einzelnen – ob Tier, Pflanze oder Mensch – ist ebenso vergänglich wie das von Völkern und Kulturen. Jede Schöpfung erliegt dem Verfall, jeder Gedanke, jede Erfindung, jede Tat dem Vergessenwerden. Überall ahnen wir verschollene Geschichtsläufe von großem Schicksal. Ruinen *gewesener* Werke abgestorbener Kulturen liegen überall vor unseren Augen. Zur Hybris des Prometheus, der in den Himmel greift, um die göttlichen Mächte dem Menschen zu unterwerfen, gehört der Sturz. Was soll uns das Geschwätz von den „ewigen Errungenschaften der Menschheit"?

Die Weltgeschichte sieht sehr viel anders aus, als selbst unsere Zeit sich träumen lässt. Die Geschichte des Menschen ist, an der Geschichte der Pflanzen- und Tierwelt auf diesem Planeten gemessen, um von der Lebensdauer der Sternenwelten zu schweigen, kurz, ein jäher Aufstieg und Fall von wenigen Jahrtausenden, etwas ganz Belangloses im Schicksal der Erde, aber für uns, die wir da hineingeboren sind, von tragischer Größe und Gewalt. Und wir Menschen des 20. Jahrhunderts steigen *sehend* hinab. Unser Blick für Geschichte, unsere Fähigkeit, Geschichte zu schreiben, ist ein verräterisches Zeichen dafür, dass sich der Weg abwärts senkt. Nur auf dem Gipfel hoher Kulturen, bei ihrem Übergang zur Zivilisation, tritt für einen Augenblick diese Gabe durchdringender Erkenntnis auf.

An und für sich ist es belanglos, welches Schicksal unter den Scharen „ewiger" Sterne dieser kleine Planet hat, der irgendwo im unendlichen Raum für kurze Zeit seine Bahnen zieht; noch belangloser, was auf seiner Oberfläche für ein paar Augenblicke sich bewegt. Aber jeder Einzelne von uns, an und für sich ein Nichts, ist für einen unnennbar kurzen Augenblick, eine Lebensdauer, in dieses Gewimmel hineingeworfen. Und deshalb ist sie für uns über alle Maßen wichtig, diese Welt im Kleinen, diese „Weltgeschichte". Und darüber hinaus ist es das *Schicksal* jedes Einzelnen, dass er durch seine Geburt nicht nur in diese Weltgeschichte überhaupt versetzt ist, sondern in ein bestimmtes Jahrhundert, ein bestimmtes Land, ein bestimmtes Volkstum, eine bestimmte Religion, einen bestimmten Stand. Wir können *nicht* wählen, ob wir der Sohn eines ägyptischen Bauern um 3000 v. Chr., eines persischen Königs oder eines heutigen Landstreichers sein wollen. Diesem *Schicksal* – oder Zufall – hat man sich zu fügen. Es *verurteilt* zu Lagen, Anschauungen und Leistungen. Es gibt keinen „Menschen an sich", wie die Philosophen schwatzen, sondern nur Menschen zu einer Zeit, an einem Ort, von einer Rasse, einer persönlichen Art, die sich im Kampf mit einer gegebenen Welt durchsetzt oder unterliegt, während das Weltall göttlich unbekümmert ringsum verweilt. Dieser Kampf *ist* das Leben, und zwar im Sinne Nietzsches als ein Kampf aus dem Willen zur Macht, grausam, unerbittlich, ein Kampf ohne Gnade.

Pflanzenfresser und Raubtiere

3

Denn der Mensch ist ein Raubtier. Feine Denker wie Montaigne und Nietzsche haben das immer gewusst. Die Lebensweisheit in alten Märchen und Sprichwörtern aller Bauern- und Nomadenvölker, die lächelnde Einsicht großer Menschenkenner – Staatsmänner, Feldherren, Kaufleute, Richter – auf der Höhe eines reichen Lebens, die Verzweiflung gescheiterter Weltverbesserer und das Schelten erzürnter Priester waren weit davon entfernt, das zu verschweigen oder leugnen zu wollen. Nur der feierliche Ernst idealistischer Philosophen und – anderer Theologen besaß nicht den Mut zu dem, was man im Stillen recht gut wusste. Ideale sind Feigheiten. Und trotzdem könnte man aus ihren Werken eine hübsche Sammlung von Sprüchen zusammenstellen, die ihnen über die Bestie Mensch gelegentlich entschlüpft sind.

Aber mit dieser Einsicht muss endlich Ernst gemacht werden. Die Skepsis, die letzte philosophische Haltung, die diesem Zeitalter noch möglich, die seiner *würdig* ist, gestattet kein Vorbeireden mehr. Dennoch und gerade deshalb wende ich mich gegen Ansichten, die von der Naturwissenschaft des vorigen Jahrhunderts her entwickelt worden sind. Die *anatomische* Betrachtung und Ordnung des Tierreiches wird ihrer Herkunft entsprechend durchaus von materialistischen Gesichtspunkten beherrscht. Wenn das Bild des *Leibes*, wie er sich dem menschlichen Auge und nur diesem darstellt, noch dazu des zerschnittenen, chemisch präparierten, durch Experimente misshandelten Leibes zu einem *System* führte, das Linné begründet und die Schule Darwins paläontologisch vertieft hat, einem System von ruhenden, optischen Einzelheiten, so gibt es daneben noch eine ganz andere, unsystematische Ordnung von Arten des *Lebens*, die sich nur dem ungelehrten Miterleben, der innerlich gefühlten Verwandtschaft von Ich und Du erschließt, wie sie jeder Bauer kennt, aber auch jeder echte Dichter und Künstler. Ich denke gern über die *Physiognomik** der Arten von tierischem *Leben*, über die Arten von *Tierseelen* nach und überlasse die Systematik des Körperbaus den Zoologen. Und dann ergibt sich eine ganz andere *Rangordnung des Lebens*, *nicht des Leibes*.

Eine Pflanze lebt, obwohl sie nur im eingeschränkten Sinne ein Lebewesen ist.** In Wirklichkeit lebt es in ihr oder um sie herum. „Sie" atmet, „sie" nährt sich, „sie" vermehrt sich und trotzdem ist sie ganz eigentlich nur der *Schauplatz* dieser Vorgänge, die mit solchen der umgebenden Natur, mit Tag und Nacht, mit Sonnenbestrahlung und der Gärung im Boden eine Einheit bilden, sodass die Pflanze selbst nicht wollen und wählen kann. Alles geschieht mit ihr und in ihr. Sie sucht weder den Standort noch die Nahrung noch die andere Pflanze, mit welcher

---

* „Untergang des Abendlandes", Bd. I, Kap. II, §§ 4–5.

** Ebd. Bd. II, S. 1 ff.

sie die Nachkommen erzeugt. Sie bewegt sich nicht, sondern der Wind, die Wärme, das Licht bewegen sie.

Über diese Art von Leben erhebt sich nun das frei bewegliche Leben der Tiere, aber *in zwei Stufen*. Es gibt eine Art, durch alle anatomischen Gattungen hindurch, vom einzelligen Urtier bis zu Schwimmvögeln und Huftieren, deren Leben auf die *unbewegliche* Pflanzenwelt als Nahrung angewiesen ist, um sich zu erhalten. Pflanzen fliehen nicht und können sich nicht wehren.

Aber darüber erhebt sich eine zweite Art von Leben, Tiere, die von anderen Tieren leben, *deren Leben im Töten besteht*. Da ist die Beute selbst sehr beweglich, selbst kämpfend, selbst reich an Listen aller Art. Auch dieses Leben ist über alle Gattungen des Systems verbreitet. Jeder Wassertropfen ist ein Schlachtfeld, und wir, die den Kampf auf dem Land so beständig vor Augen haben, dass wir seine Selbstverständlichkeit, ja sogar sein Vorhandensein vergessen, sehen heute mit Grauen, wie phantastische Formen der Tiefsee das Leben des Tötens und Getötetwerdens führen.

Das Raubtier ist die höchste Form des frei beweglichen Lebens. Es bedeutet das Maximum an Freiheit von anderen und für sich, an Selbstverantwortlichkeit, an Alleinsein, das Extrem der Notwendigkeit, sich *kämpfend*, *siegend*, *vernichtend* zu behaupten. Es gibt dem Typus Mensch einen hohen Rang, dass er ein Raubtier ist.

Ein Pflanzenfresser ist seinem Schicksal nach ein Beutetier und sucht sich diesem Verhängnis durch kampflose Flucht zu entziehen. Ein Raubtier *macht* Beute. Das eine Leben ist in seinem innersten Wesen defensiv, das andere ist offensiv, hart, grausam, zerstörend. Schon die Taktik der Bewegung unterscheidet sie – auf der einen Seite die Gewohnheit des Fliehens, der schnelle Lauf, das Winkelschlagen, Ausweichen, Sichverstecken, auf der anderen die *geradlinige* Bewegung des Angriffs, der Sprung des Löwen, das Herabstoßen des Adlers. Es gibt eine List, ein Überlisten im Stil des Starken und des Schwachen. Klug im menschlichen Sinn, aktiv klug, sind nur Raubtiere. Pflanzenfresser sind im Vergleich dazu dumm, nicht nur die Tauben „ohne Falsch" und der Elefant, sondern selbst die edelsten Arten der Huftiere: der Stier, das Pferd, der Hirsch, die erst in der blinden Wut und der geschlechtlichen Erregung fähig sind zu kämpfen und sich sonst zähmen und von einem Kind leiten lassen.

Zum Unterschied der Bewegungen tritt noch gewaltiger der in den Sinnesorganen. Und mit den Sinnen unterscheidet sich auch die Art, eine „*Welt*" zu haben. An und für sich lebt jedes Wesen in der Natur, in einer Umgebung, ob es sie nun bemerkt oder sich ihr bemerkbar macht oder nicht. Erst durch die geheimnisvolle und von keinem menschlichen Nachdenken zu erklärende Art der Beziehungen zwischen dem Tier und seiner Umgebung mittels der tastenden, ordnenden, verstehenden Sinne entsteht aus der *Umgebung* eine *Umwelt* für jedes einzelne Wesen.* Die höheren Pflanzenfresser werden neben dem Gehör vor allem durch die *Witterung* beherrscht, die höheren Raubtiere aber *herrschen durch das Auge*. Die Witterung ist der eigentliche Sinn der Verteidigung. Die Nase spürt Herkunft und Entfernung der *Gefahr* und gibt da-

---

* Jakob von Uexküll, „Biologische Weltanschauung" (1913), S. 67 ff.

mit der Fluchtbewegung eine zweckmäßige Richtung von etwas fort.

Das Auge der Raubtiere aber gibt ein Ziel. Schon dadurch, dass die Augenpaare der großen Raubtiere wie beim Menschen auf einen Punkt der Umgebung fixiert werden können, gelingt es, das Beutetier zu *bannen*. Im feindlichen Blick liegt für das Opfer schon das unentrinnbare Schicksal, der Sprung des nächsten Augenblicks. Das Fixieren der nach vorn und parallel gerichteten Augen ist aber gleichbedeutend mit dem *Entstehen der Welt* in dem Sinne, wie der Mensch sie hat, als Bild, als Welt vor seinen Blicken, als Welt nicht nur des Lichtes und der Farben, sondern vor allem der perspektivischen *Entfernung*, des Raumes und der in ihm stattfindenden Bewegungen und an bestimmten Orten ruhenden *Gegenstände*. In dieser Art des Sehens, wie sie nur die edelsten Raubtiere besitzen – Pflanzenfresser, z. B. Huftiere, haben seitwärts stehende Augen, von denen jedes einen anderen, *unperspektivischen* Eindruck hat –, liegt schon die Idee des *Herrschens*. Das Weltbild ist die vom Auge *beherrschte* Umwelt. Das Raubtierauge bestimmt die Dinge nach Lage und Entfernung. Es kennt den Horizont. Es bemisst in diesem *Schlachtfeld* die Objekte und Bedingungen des Angriffs. Wittern und Spähen – das Reh und der Habicht – verhalten sich wie Sklave-sein und Herr-sein. Ein unendliches Machtgefühl liegt in diesem weiten ruhigen Blick, ein Gefühl der Freiheit, die aus *Überlegenheit* entspringt und auf der größeren *Gewalt* beruht und der Gewissheit, niemandes Beute zu sein. Die *Welt* ist die Beute und aus dieser Tatsache ist letzten Endes die menschliche Kultur erwachsen.

Und endlich hat sich diese Tatsache der angeborenen Überlegenheit wie nach außen zur Lichtwelt mit ihren unendlichen Fernen, so nach innen zur Seelenart starker Tiere vertieft. Die *Seele*, das rätselhafte Etwas, das bei diesem Wort gefühlt wird und dessen Wesen keiner Wissenschaft zugänglich ist, der göttliche Funke in diesem lebendigen Leib, der in der göttlich grausamen, göttlich unbekümmerten Welt herrschen oder unterliegen muss: was wir Menschen als Seele fühlen, in uns und in anderen, ist der *Gegenpol* der Lichtwelt um uns, in welcher menschliches Denken und Ahnen gern eine *Weltseele* annimmt. Die Seele ist umso stärker ausgeprägt, je *einsamer* das Wesen ist, je entschiedener es eine Welt *für sich* bildet, gegen alle Welt um sich herum. Was ist das Gegenteil der Seele eines Löwen? Die Seele einer Kuh. Pflanzenfresser ersetzen die starke einzelne Seele durch die große Zahl, die Herde, das gemeinsame Fühlen und Tun von Massen. Aber je weniger man die anderen braucht, desto mächtiger ist man. Ein Raubtier ist jedermanns Feind. Es duldet in seinem Revier niemand seinesgleichen – der königliche Begriff des *Eigentums* hat hier seine Wurzel. Eigentum ist der Bereich, in dem man unumschränkte Macht ausübt, erkämpfte, gegen seinesgleichen verteidigte, siegreich behauptete Macht. Es ist kein Recht auf ein bloßes *Haben*, sondern auf ein selbstherrliches *Schalten und Walten damit.*

Es gibt, wenn man es richtig versteht, eine Raubtier- und eine Pflanzenfresserethik. Niemand ist imstande, etwas daran zu ändern. Es ist die innere Form, der Sinn, die Taktik des ganzen Lebens. Es ist eine einfache Tatsache. Man kann das Leben vernichten, aber nicht in seiner Art verändern. Ein gezähmtes, gefangenes Raubtier – jeder zoologische Garten bietet Beispiele dafür – ist seelisch verstümmelt, weltkrank, innerlich vernichtet. Es gibt Raubtiere, die freiwillig verhungern, wenn sie gefangen sind. Pflanzenfresser geben nichts auf, wenn sie Haustiere werden.

Das ist der Unterschied zwischen dem *Schicksal von Pflanzenfressern* und dem *Raubtierschicksal.* Das eine bedroht nur, das andere spendet auch. Jenes drückt nieder, macht klein und feig, dieses erhebt durch Macht und Sieg, durch Stolz und Hass. Jenes erleidet man, dieses *ist man selbst.* Der Kampf der Natur drinnen gegen die Natur draußen wird nicht mehr als Elend empfunden – so dachten sich Schopenhauer und Darwin den *struggle for life** –, sondern als großer Sinn des Lebens, der es adelt – so dachte Nietzsche: *amor fati***. Und der Mensch gehört zu dieser Art.

---

* Kampf ums Dasein. *Die Herausgeber.*

** Liebe zum Schicksal. *Die Herausgeber.*

4

Er ist kein Simpel, „von Natur gut" und dumm, kein Halbaffe mit technischen Tendenzen, wie ihn Haeckel beschrieben und Gabriel Max gemalt hat.* Auf diese Karikatur fällt noch der plebejische Schatten Rousseaus. Im Gegenteil, die Taktik seines Lebens ist die eines prachtvollen, tapferen, listigen, grausamen Raubtieres. Er lebt angreifend, tötend und vernichtend. Er will Herr sein, seitdem es ihn gibt.

Also ist die „Technik" wirklich älter als der Mensch? Nein, doch nicht. Es ist ein ungeheurer Unterschied zwischen dem Menschen und allen anderen Tieren. Die Technik dieser Tiere ist *Gattungstechnik*. Sie ist weder erfinderisch noch lernbar noch entwicklungsfähig. Der Typus Biene hat, seit er da ist, seine Waben immer genau so gebaut wie heute und wird sie so bauen, bis er ausstirbt. Sie gehören zu ihm wie die Form der Flügel und die Färbung des Leibes. Nur der anatomische Standpunkt der Zoologen lässt Körperbau und Lebensart auseinanderfal-

---

* Nur die systematische, klassifizierende Wut bloßer Anatomen hat ihn in die Nähe der Affen gebracht, und auch das stellt sich heute als voreilig und oberflächlich heraus. Man sehe Klaatsch, der selbst Darwinianer war: „Der Werdegang der Menschheit", 1920, S. 29. Gerade im „System" steht der Mensch abseits und außer aller Ordnung, in vielen Zügen seines Körperbaus sehr primitiv, in anderen wieder eine Ausnahmeerscheinung. Aber das geht uns, die wir sein *Leben* betrachten, nichts an. In seinem Schicksal, *seelisch*, ist er ein Raubtier.

len. Geht man von der inneren Form des Lebens aus, statt von der des Leibes, so ist diese Taktik des Lebens und die Gliederung des Leibes ein und dasselbe, *beides* Ausdruck *einer* organischen Wirklichkeit. Die „Gattung" ist eine Form nicht des sichtbar Ruhenden, sondern der Beweglichkeit, nicht des Soseins, sondern des Sotuns. Körperform ist die Form des *tätigen* Körpers.

Bienen, Termiten, Biber führen erstaunliche Bauten auf. Ameisen kennen Pflanzenbau, Straßenbau, Sklaverei und Kriegführung. Brutpflege, Festungsanlagen und planmäßige Wanderzüge sind weit verbreitet. Alles, was der Mensch kann, haben einzelne Tierformen auch erreicht. Es sind Tendenzen, die im frei beweglichen Leben überhaupt als *Möglichkeiten* schlafen. Der Mensch leistet nichts, was nicht dem Leben im Ganzen erreichbar ist.

Und trotzdem – alles das hat mit menschlicher Technik im Grunde gar nichts zu tun. Die Gattungstechnik ist *unveränderlich*. Das bedeutet das Wort „Instinkt". Weil das tierische „Denken" am unmittelbaren Jetzt und Hier haftet und weder Vergangenheit noch Zukunft kennt, so kennt es auch weder Erfahrung noch Sorge. Es ist nicht wahr, dass Tierweibchen für ihre Jungen „sorgen". Die Sorge ist ein Gefühl, das ein Wissen in die Ferne hinaus voraussetzt, um das, was kommen *wird*, wie die Scham ein Wissen um das, was *war*. Ein Tier kann weder bereuen noch verzweifeln. Die Brutpflege ist wie alles andere ein dunkles, wissenloses Getriebensein in vielen Typen von Leben. Sie gehört zur Art und nicht zum Einzelwesen. Die Gattungstechnik ist nicht nur unveränderlich, sondern auch *unpersönlich*.

Die Menschentechnik und sie allein aber ist *unabhängig* vom Leben der Menschengattung. Es ist der einzige Fall in der gesamten Geschichte des Lebens, dass das Einzelwesen *aus dem Zwang der Gattung heraustritt.* Man muss lange nachdenken, um das Ungeheure dieser Tatsache zu begreifen. Die Technik im Leben des Menschen ist bewusst, willkürlich, veränderlich, persönlich, *erfinderisch.* Sie wird erlernt und verbessert. Der Mensch ist der *Schöpfer* seiner Lebenstaktik geworden. Sie ist seine Größe und sein Verhängnis. Und die innere Form dieses schöpferischen Lebens nennen wir *Kultur*, Kultur besitzen, Kultur schaffen, an der Kultur leiden. Die Schöpfungen des Menschen sind Ausdruck dieses Daseins in *persönlicher* Form.

DIE ENTSTEHUNG DES MENSCHEN: HAND UND WERKZEUG

5

Seit wann gibt es diesen Typus des *erfinderischen Raubtiers*? Das ist gleichbedeutend mit der Frage: Seit wann gibt es den Menschen? Was ist der Mensch? Wodurch ist er zum Menschen geworden?

Die Antwort lautet: Durch die Entstehung der Hand. Das ist eine Waffe ohnegleichen in der Welt des frei beweglichen Lebens. Man vergleiche sie mit der Tatze, dem Schnabel, den Hörnern, Zähnen und Schwanzflossen anderer Wesen. Auf der einen Seite konzentriert sich in ihr der Tastsinn in dem Grade, dass man sie fast als Tastorgan neben das Seh- und das Hörorgan stellen kann. Sie unterscheidet nicht nur warm und kalt, fest und flüssig, hart und weich, sondern vor allem Schwere, Gestalt und Ort der Widerstände, kurz die *Dinge im Raum*. Aber darüber hinaus sammelt sich in ihr die *Tätigkeit* des Lebens so vollständig, dass sich die gesamte Haltung und der Gang des Leibes – gleichzeitig – daraufhin gestaltet hat. Es gibt nichts in der Welt, was mit diesem tastenden und tätigen Glied verglichen werden kann. Zum Raubtierauge, das die Welt „theoretisch" beherrscht, tritt die Menschenhand als praktische Beherrscherin.

Sie muss *plötzlich* entstanden sein im Vergleich mit dem Tempo kosmischer Strömungen, jäh wie ein Blitz, ein Erdbeben, wie alles Entscheidende im Weltgeschehen, epochemachend im höchsten Sinne. Wir müssen uns auch darin von den Anschauungen des vorigen Jahrhunderts lösen, wie sie seit Lyells geologischen Forschungen im Begriff „Evolution" liegen. Eine langsame, phlegmatische Veränderung entspricht dem englischen Naturell, nicht der Natur. Um sie zu stützen, warf man mit Millionen von Jahren um sich, da sich in messbaren Zeiträumen nichts dergleichen zeigte. Aber wir könnten keine geologischen Schichten unterscheiden, wenn sie nicht durch *Katastrophen* unbekannter Art und Herkunft getrennt wären, und keine *Arten* fossiler Tiere, wenn sie nicht *plötzlich* auftauchten und sich *unverändert* bis zu ihrem Aussterben hielten. Von „Ahnen" des Menschen wissen wir *nichts*, trotz allen Suchens und anatomischen Vergleichens. Seitdem Menschenskelette auftauchen, ist der Mensch so, wie er heute ist. Den „Neandertaler" sieht man in jeder Volksversammlung. Es ist auch ganz unmöglich, dass sich Hand, aufrechter Gang, Haltung des Kopfes und so weiter nach- und auseinander entwickelt hätten. Alles das ist zusammen und plötzlich da.* Die

---

* Überhaupt diese „Entwicklung"! Die Darwinianer sagen, dass der Besitz solcher ausgezeichneten Waffen die Art im Kampf ums Dasein begünstigt und erhalten habe. Aber erst die fertig ausgebildete Waffe wäre ein Vorteil; die in Entwicklung begriffene – und diese Entwicklung soll ja Jahrtausende gedauert haben – ist eine unnütze Last, die das Gegenteil bewirken müsste. Und wie stellt man sich den Anfang einer solchen Entwicklung vor? Diese Jagd auf Ursachen und Wirkungen, die schließlich Formen des menschlichen Denkens sind und nicht

Weltgeschichte schreitet von Katastrophe zu Katastrophe fort, ob wir sie nun begreifen und begründen können oder nicht. Man nennt das heute, seit H. de Vries*, Mutation. Es ist das eine innere Wandlung, die plötzlich *alle* Exemplare einer Gattung ergreift, ohne „Ursache" selbstverständlich, wie alles in der Wirklichkeit. Es ist der geheimnisvolle Rhythmus des Wirklichen.

Aber nicht nur müssen Hand, Gang und Haltung des Menschen gleichzeitig entstanden sein, sondern auch – und das hat bis jetzt niemand bemerkt – *Hand und Werkzeug*. Die unbewaffnete Hand für sich allein ist nichts wert. Sie fordert die Waffe, um selbst Waffe zu sein. Wie sich das Werkzeug aus der Gestalt der Hand gebildet hat, so umgekehrt *die Hand an der Gestalt des Werkzeugs*. Es ist sinnlos, das zeitlich trennen zu wollen. Es ist unmöglich, dass die ausgebildete Hand auch nur kurze Zeit hindurch ohne Werkzeug tätig war. Die frühesten Reste des Menschen und seiner Geräte sind gleich alt.

Was sich aber geteilt hat, nicht zeitlich, sondern logisch, ist das technische *Verfahren*, und zwar in *Herstellung* der Waffe und ihren Gebrauch. Wie es eine Technik des Geigenbaus und eine Technik des Geigenspiels gibt, so eine Kunst des Schiffbaus und eine Kunst des Segelns, eine Verfertigung des Bogens und eine Fertigkeit im Schießen. Kein anderes Raubtier *wählt* die Waffe. Der Mensch aber wählt sie nicht nur, sondern er *stellt sie her*, nach eige-

---

des Weltwerdens, ist ziemlich töricht, wenn man glaubt, damit in die Geheimnisse der Welt eindringen zu können.

* H. de Vries, „Die Mutationstheorie" (1901, 1903).

ner persönlicher Erwägung. Damit hat er eine furchtbare Überlegenheit im Kampf gewonnen gegen seinesgleichen, gegen andere Tiere, gegen die gesamte Natur.

Das ist die *Befreiung vom Zwang der Gattung*, etwas Einzigartiges in der Geschichte des gesamten Lebens auf diesem Planeten. Damit ist der Mensch *entstanden*. Er hat sein tätiges Leben in hohem Grade von den Bedingungen seines Leibes unabhängig gemacht. Der Gattungsinstinkt besteht weiter in voller Gewalt, aber von ihm hat sich ein Denken und denkendes Handeln des Einzelnen abgelöst, das vom Bann der Gattung frei ist. Diese Freiheit ist Wahlfreiheit. Jeder stellt seine eigene Waffe her, nach eigenem Geschick und eigener Überlegung. Die vielen Funde von verfehlten und verworfenen Stücken zeugen noch heute von der Mühe dieses anfänglichen „denkenden Tuns".

Wenn trotzdem die Stücke so ähnlich sind, dass man nach ihnen – mit sehr zweifelhaftem Recht – „Kulturen" wie Acheuléen und Solutréen unterscheidet und durch alle fünf Erdteile – sicher mit Unrecht – danach Zeitvergleiche vornimmt, so liegt das daran, dass diese Befreiung vom Zwang der Gattung zunächst nur als große *Möglichkeit* wirkt und anfangs weit davon entfernt ist, verwirklichter Individualismus zu sein. Niemand will den Originellen spielen. Ebenso wenig denkt jemand daran, den anderen nachzuahmen. Jeder denkt und arbeitet für sich, aber das Leben der Gattung ist so mächtig, dass das Ergebnis trotzdem überall ähnlich ist – wie im Grunde heute noch.

Zum „*Denken des Auges*" – dem verstehenden scharfen Blick der großen Raubtiere – ist damit das „*Denken* *der Hand*" getreten. Aus jenem entwickelt sich seitdem das theoretische, betrachtende, beschauliche Denken, das „Nachsinnen", die „Weisheit", aus diesem das praktische, tätige, die Schlauheit, die eigentliche „Intelligenz". Das Auge forscht nach Ursache und Wirkung, die Hand arbeitet nach den Prinzipien von Mittel und Zweck. Ob etwas zweckmäßig oder unzweckmäßig ist – das Werturteil der *Tätigen* hat mit wahr und falsch, den *Werten des Betrachtenden*, mit Wahrheit nichts zu tun. Der Zweck ist eine *Tatsache*, der Zusammenhang von Ursache und Wirkung eine *Wahrheit*.* So sind die sehr verschiedenen Denkweisen des Wahrheitsmenschen – des Priesters, Gelehrten, Philosophen – und des Tatsachenmenschen – des Politikers, Feldherrn, Kaufmanns – entstanden. Seitdem und heute noch ist die befehlende, hinweisende, zur Faust geballte Hand der Ausdruck eines Willens. Deshalb die Aufschlüsse aus Handschrift und Gestalt der Hand. Deshalb die sprachlichen Wendungen von der schweren Hand des Eroberers, der glücklichen Hand eines Geschäftsmannes, daher die seelischen Merkmale der Verbrecher- und der Künstlerhand.

Mit der Hand, der Waffe und dem persönlichen Denken ist der Mensch *schöpferisch* geworden. Alles was Tiere tun, bleibt im Rahmen des Tuns der Gattung und bereichert deren Leben nicht. Der Mensch aber, das schöpferische Tier, hat einen Reichtum von erfinderischem Denken und Tun über die Welt verbreitet, der es berechtigt erscheinen lässt, wenn er *seine* kurze Geschichte

---

* „Untergang des Abendlandes", Bd. I, Kap. II, § 16; Bd. II, Kap. III, § 6.

die „Weltgeschichte" nennt und seine Umgebung als die „Menschheit" mit der gesamten übrigen Natur als Hintergrund, Objekt und Mittel betrachtet.

Das Tun der *denkenden* Hand aber nennen wir die Tat. Tätigkeit gibt es mit dem Dasein der Tiere, Taten erst mit dem Dasein des Menschen. Nichts ist so bezeichnend für den Unterschied als das Anzünden des Feuers. Man *sieht* – Ursache und Wirkung –, wie Feuer entsteht. Auch viele Tiere sehen es. Aber der Mensch allein *denkt* – Zweck und Mittel – ein Verfahren aus, um es herzustellen. Keine zweite Tat macht so den Eindruck des Schöpferischen. Es ist die Tat des Prometheus. Eine der unheimlichsten, gewaltigsten, rätselhaftesten Erscheinungen der Natur – der Blitz, der Waldbrand, ein Vulkan – wird vom Menschen selbst ins Leben gerufen, gegen alle Natur. Wie mag das auf die Seele gewirkt haben, der erste Blick in die selbst entzündete Flamme!

6

Unter dem gewaltigen Eindruck der freien, bewussten *Einzeltat*, die sich aus dem gleichförmigen, triebhaften, massenhaften „Tun der Gattung" heraushebt, hat sich nun die eigentliche Menschenseele gestaltet, sehr einsam selbst im Vergleich zu anderen Raubtierseelen, mit dem stolzen und schwermütigen Blick des *Wissenden* über sein eignes Schicksal hin, dem unbändigen Machtgefühl in der tatgewohnten Faust, jedermanns Feind, tötend, *hassend*, zu Sieg oder Sterben entschlossen. Diese Seele ist tiefer und leidenvoller als die irgendeines Tieres. Sie steht in unversöhnlichem Gegensatz zur *gesamten* Welt, von der sie durch ihr eigenes Schöpfertum getrennt ist. Es ist die Seele eines *Empörers*.

Der früheste Mensch horstet einsam wie ein Raubvogel. Wenn sich auch einige „Familien" zu einem Rudel zusammentun, so geschieht das in losester Form. Noch ist von Stämmen keine Rede, geschweige denn von Völkern. Das Rudel ist eine zufällige Sammlung von ein paar Männern, die sich gerade einmal nicht bekämpfen, mit ihren Weibern und deren Kindern, ohne Gemeingefühl, in vollkommener Freiheit, kein „Wir" wie eine Herde von bloßen Gattungsexemplaren.

Die Seele dieser starken Einsamen ist durch und durch kriegerisch, misstrauisch, eifersüchtig auf die eigene Macht und Beute. Sie kennt das Pathos nicht nur des „Ich", sondern auch des „Mein". Sie kennt den Rausch des Gefühls, wenn das Messer in den feindlichen Leib schneidet, wenn Blutgeruch und Stöhnen zu den triumphierenden Sinnen dringen. Jeder wirkliche „Mann" noch in den Städten später Kulturen fühlt zuweilen die schlafende Glut dieses Urseelentums in sich. Nichts von der jämmerlichen Feststellung, dass irgendetwas „nützlich" ist, dass es „Arbeit erspart". Noch weniger von den zahnlosen Gefühlen des Mitleids, der Versöhnung, der Sehnsucht nach Ruhe. Dafür aber der volle Stolz darauf, weithin seiner Stärke und seines Glücks wegen gefürchtet, bewundert, gehasst zu sein, und der Drang nach Rache an allem, seien es lebende Wesen oder Dinge, was diesen Stolz auch nur durch sein Dasein verletzt.

Und diese Seele schreitet fort in wachsender Entfremdung gegenüber der ganzen Natur. Die Waffen aller Raubtiere sind natürlich, nur die bewaffnete Faust des Menschen, mit der künstlich hergestellten, durchdachten, gewählten Waffe, ist es nicht. *Hier beginnt „Kunst" als Gegenbegriff zur Natur.* Jedes technische Verfahren des Menschen ist eine Kunst und ist immer so genannt worden, die Kunst des Bogenschießens und Reitens wie die Kriegskunst, die Künste des Bauens, des Regierens, des Opferns und Wahrsagens, des Malens und Versemachens, des wissenschaftlichen Experimentierens. Künstlich, widernatürlich ist jedes menschliche Werk vom Anzünden des Feuers bis zu den Leistungen, die wir in hohen Kulturen als eigentlich künstlerische bezeichnen. Der Natur wird das *Vorrecht des Schöpfertums* entrissen. Der „freie Wille" schon, ist ein Akt der Empörung, nichts anderes. Der schöpferische Mensch ist aus dem Verband der Natur herausgetreten, und mit jeder neuen Schöpfung entfernt er sich weiter und feindseliger von ihr. Das ist seine „Weltgeschichte", die Geschichte einer unaufhaltsam fortschreitenden, verhängnisvollen Entzweiung zwischen Menschenwelt und Weltall, die Geschichte eines Empörers, der dem Schoß seiner Mutter entwachsen die Hand gegen sie erhebt.

Die Tragödie des Menschen beginnt, denn die Natur ist stärker. Der Mensch bleibt abhängig von ihr, die trotz allem auch ihn selbst, ihr Geschöpf, umfasst. Alle großen Kulturen sind ebenso viele Niederlagen. Ganze Rassen bleiben, innerlich zerstört, gebrochen, der Unfruchtbarkeit und geistigen Zerrüttung verfallen, als Opfer auf dem Platz. Der Kampf gegen die Natur ist hoffnungslos, und trotzdem wird er bis zum Ende geführt werden.

DIE ZWEITE STUFE: SPRECHEN UND UNTERNEHMEN

7

Wie lange das Zeitalter der bewaffneten Hand dauerte, das heißt, seit wann es den Menschen gibt, wissen wir nicht. Die Zahl von Jahren ist auch belanglos, obwohl sie heute noch viel zu hoch angenommen wird. Es handelt sich nicht um Millionen, nicht einmal um mehrere Jahrhunderttausende; immerhin muss eine beträchtliche Zahl von Jahrtausenden verflossen sein.

Nun aber tritt eine zweite Wandlung ein, die Epoche macht, ebenso jäh und gewaltig, das Menschenschicksal von Grund aus umformend wie die erste, wieder eine echte Mutation in dem eben erörterten Sinne. Die prähistorische Forschung hat das längst bemerkt. In der Tat zeigen die Dinge, die in unseren Museen liegen, plötzlich ein anderes Gesicht. Tongefäße treten auf, Spuren von „Ackerbau" und „Viehzucht", wie man es sorglos genug und viel zu modern genannt hat, Hüttenbau, Gräber, Andeutungen des Verkehrs. Eine neue Welt des technischen Denkens und Verfahrens meldet sich an. Vom Museumsstandpunkt aus viel zu flach und auf die bloße Anordnung von Funden versessen, hat man ältere und jüngere Steinzeit,

Paläolithikum und Neolithikum, getrennt. Aber diese Einteilung des vorigen Jahrhunderts erweckt längst Unbehagen und man versucht seit Jahrzehnten, sie durch etwas anderes zu ersetzen. Ausdrücke wie Mesolithikum, Mio-, Mixoneolithikum beweisen indessen, dass man immer noch an einer bloßen Ordnung der *Objekte* haftet und deshalb nicht weiter kommt. Was sich verwandelt, sind aber nicht die Geräte, sondern *der Mensch*. Noch einmal: Nur von der *Seele* aus lässt sich die Geschichte des Menschen erschließen.

Diese Mutation lässt sich ziemlich genau festlegen, etwa ins fünfte Jahrtausend v. Chr.* Längstens zwei Jahrtausende später beginnen schon die Hochkulturen in Ägypten und Mesopotamien. Man sieht, das Tempo der Geschichte nimmt tragische Maße an. Vorher spielten Jahrtausende kaum eine Rolle, jetzt wird jedes Jahrhundert wichtig. Der rollende Stein nähert sich in rasenden Sprüngen dem Abgrund.

Aber was ist geschehen? Dringt man tiefer in diese neue Formenwelt menschlicher Taten ein, so sieht man bald sehr verwirrte und komplizierte Zusammenhänge. All diese Techniken setzen sich gegenseitig voraus. Die Haltung von gezähmten Tieren fordert das Anpflanzen von Futtermitteln, die Saat und Ernte von Nahrungspflanzen das Vorhandensein von Zug- und Lasttieren, diese wieder den Bau von Gehegen, jede Art von Bauten

---

* Aufgrund der Forschungen de Geers am schwedischen Bänderton. „Reallexikon der Vorgeschichte", Bd. II (Diluvialchronologie). Es handelt sich um geologische Untersuchungen. *Die Herausgeber.*

die Herstellung und den Transport von Baustoffen, der Verkehr die Straße, das Saumtier und das Schiff.

Was ist das *seelisch* Umwälzende an alledem? Ich gebe die Antwort: Das planmäßige *Tun zu mehreren.* Bis dahin lebt jeder Mensch sein eigenes Leben, stellt selbst seine Waffe her, führt allein seine Taktik im täglichen Kampf durch. Keiner braucht den anderen. Das ändert sich plötzlich. Diese neuen Verfahren dehnen sich über lange Zeiträume, unter Umständen über Jahre aus – man denke an den Weg vom Fällen der Bäume bis zur Abfahrt des mit ihnen gebauten Schiffes – und ebenso über weite Strecken. Sie zerfallen in Reihen von genau geordneten Einzelakten und in Gruppen von nebeneinander durchgeführten Handlungen. Diese Gesamtverfahren aber setzen als unentbehrliches Mittel die *Wortsprache* voraus.

Das Sprechen in Sätzen und Worten kann nicht früher oder später, es muss damals entstanden sein, rasch wie alles Entscheidende, und zwar in engem Zusammenhang mit der neuen Art menschlicher Verfahren. Das lässt sich beweisen.

Was ist „Sprechen"?* Ohne Zweifel ein Verfahren zum Zweck von Mitteilungen, eine Tätigkeit, die von zahlreichen Menschen fortgesetzt untereinander ausgeübt wird. „Sprache" ist nur eine Abstraktion davon, die innere – grammatische – Form des Sprechens einschließlich der Wortformen. Diese Form muss verbreitet sein und eine gewisse Dauer haben, wenn Mitteilungen wirklich stattfin-

---

* Zum Folgenden: „Untergang des Abendlandes", Bd. II, Kap. II (Völker, Rassen, Sprachen).

den sollen. Ich hatte früher gezeigt,[*] dass dem Sprechen in Sätzen einfachere Formen der Mitteilung vorausgehen – Zeichen fürs Auge, Signale, Gesten, Warnungs- und Drohrufe – die sämtlich zur Unterstützung des Sprechens in Sätzen fortbestehen, auch heute noch, als Sprechmelodie, Betonung, Mienenspiel, Handbewegungen, in der heutigen Schrift als Interpunktion.

Trotzdem ist das „*fließende*" Sprechen dem Gehalt nach etwas ganz Neues. Seit Hamann und Herder hat man sich denn auch immer wieder die Frage nach seiner Entstehung vorgelegt. Wenn alle Antworten bis zum heutigen Tage uns unbefriedigt lassen, so liegt das daran, dass die Frage falsch gemeint war. Denn der Ursprung des Sprechens in Worten kann nicht in der Tätigkeit des Sprechens selbst gesucht werden. So dachten die Romantiker, wirklichkeitsfremd wie immer, welche die Sprache aus der „Urpoesie der Menschheit" ableiteten – nein, mehr noch: die Sprache war die Urdichtung des Menschen, sie war Mythus, Lyrik, Gebet zugleich und Prosa war nur die spätere Herabwürdigung zum gemeinen Gebrauch des Tages. Aber dann müsste die innere Form der Sprache, die Grammatik, der logische Aufbau der Sätze ganz anders aussehen. Gerade urwüchsige Sprachen wie die der Bantu- und der Turkstämme zeigen die Tendenz besonders deutlich, ganz klare, scharfe, unmissverständliche *Unterscheidungen* zu treffen.[**]

---

[*] Ebd.

[**] Bis zu dem Grad, dass in manchen Sprachen der „Satz" ein einziges Wortungeheuer ist, in dem durch klassifizierende Vor- und Nachsilben

Aber das führt zum Grundfehler der Feinde aller Romantik, der Rationalisten. Sie laufen stets der Meinung nach, dass der Satz ein *Urteil* oder einen *Gedanken* ausdrücke. Sie sitzen an ihrem Schreibtisch voller Bücher und grübeln über ihr eigenes Denken und Schreiben nach. Da scheint ihnen der „Gedanke" der *Zweck* des Sprechens zu sein. Weil sie allein zu sitzen pflegen, vergessen sie über dem Sprechen das *Hören*, über der Frage die *Antwort*, über dem *Ich* das *Du*. Sie sagen „Sprache" und meinen die Rede, den Vortrag, die Abhandlung. Ihre Ansicht vom Entstehen der Sprache ist *monologisch* und deshalb falsch.

Die richtig gestellte Frage lautet nicht: Wie, sondern wann entsteht das Sprechen in Worten? Und dann wird sehr bald alles klar. Der meist missverstandene oder übersehene Zweck des Sprechens in Sätzen ergibt sich aus der Zeit, seit welcher so, nämlich *fließend*, gesprochen wird. Und der Zweck liegt in der Form der Satzbildung klar zutage. Das Sprechen erfolgt nicht monologisch, sondern *dialogisch*, die Satzreihen folgen nicht als Rede, sondern zwischen mehreren Menschen als Unterredung. Der Zweck ist nicht ein Verstehen aus dem Nachdenken heraus, sondern eine wechselseitige *Verständigung* durch Frage und Antwort. Welches sind denn die ursprünglichen Formen des Sprechens? Nicht das Urteil, die Aussage, sondern der Befehl, der Ausdruck des Gehorsams, die Feststellung, die Frage, die Bejahung, die Verneinung. Es sind Sätze, die sich stets an einen anderen wenden, ur-

---

in gesetzmäßiger Ordnung alles ausgedrückt wird, was gesagt werden soll.

sprünglich sicher ganz kurz: Tu das! Fertig? Ja! Anfangen! Die Worte als *Begriffsbezeichnung** folgen erst aus dem Zweck der Sätze, sodass von Anfang an der Wortschatz eines Jägerstammes ganz anders ist als der eines Dorfes von Viehzüchtern oder einer seefahrenden Küstenbevölkerung. Ursprünglich war die Sprache eine schwierige Tätigkeit** und man sprach gewiss nur das Notwendigste. Noch heute ist der Bauer schweigsam im Verhältnis zum Städter, der infolge seiner Sprachgewöhnung den Mund nicht halten kann und aus Langeweile schwatzt und Konversation macht, sobald er nichts zu tun hat, und ob er etwas zu sagen hat oder nicht.

Der ursprüngliche Zweck des Sprechens ist die *Durchführung einer Tat* nach Absicht, Zeit, Ort, Mitteln. Die klare, eindeutige Fassung derselben ist das Erste, und aus der Schwierigkeit, sich verständlich zu machen, den eigenen Willen anderen aufzuerlegen, ergibt sich die Technik der Grammatik, die Technik der Bildung von Sätzen und Satzarten, des richtigen Befehlens, Fragens, Antwortens, der Ausbildung von Wortklassen aufgrund der *praktischen, nicht der theoretischen* Absichten und Ziele. Das theoretische Nachdenken hat am Entstehen des Sprechens in Sätzen so gut wie gar keinen Anteil. Alles Sprechen ist praktischer Natur und geht vom „Denken der Hand“ aus.

---

* Der Begriff ist die Einordnung von Dingen, Lagen, Tätigkeiten in Klassen von *praktischer* Allgemeinheit. Der Pferdebesitzer sagt nicht „Pferd“, sondern „Schimmelstute“ oder „Rappfohlen“, der Jäger nicht „Wildschwein“, sondern „Keiler“, „Bache“, „Frischling“.

** Und sicher lernten erst Erwachsene fließend sprechen, wie noch viel später schreiben.

8

Das Tun zu mehreren nennen wir Unternehmen. *Sprechen und Unternehmen* setzen sich in genau derselben Weise gegenseitig voraus wie früher *Hand und Werkzeug*. Sprechen zu mehreren hat seine innere, grammatische Form an der Durchführung von Unternehmungen entwickelt und die Gewohnheit des Unternehmens ist von der Methode des sprachgebundenen Denkens geschult worden. Denn Sprechen heißt, sich anderen *denkend mitteilen.* Wenn Sprechen ein Tun ist, so ist es ein *geistiges Tun mit sinnlichen Mitteln.* Es hat die unmittelbare Verbindung mit körperlichem Tun sehr bald nicht mehr nötig. Denn das ist das Neue, welches jetzt, seit dem 5. Jahrtausend v. Chr., Epoche macht: Das Denken, der Geist, der Verstand oder wie man das nennen will, was sich durch die Sprache von der Verbundenheit mit der tätigen Hand emanzipiert hat, tritt der Seele und dem Leben nun als eine Macht für sich entgegen. Die *rein geistige Überlegung*, die „*Berechnung*", welche hier plötzlich, entscheidend, alles verändernd auftaucht, ist diese, dass gemeinsames Tun als *Einheit* eine Wirkung hat, als ob ein Riese etwas täte. Oder wie es Mephistopheles im „Faust" ironisch ausdrückt:

> Wenn ich sechs Hengste zahlen kann,
> Sind ihre Kräfte nicht die meine?

Ich renne zu und bin ein rechter Mann,
Als hätt' ich vierundzwanzig Beine.

Das Raubtier Mensch will seine Überlegenheit bewusst steigern, weit über die Grenzen seiner Körperkraft hinaus. Es opfert seinem Willen zu größerer Macht einen wichtigen Zug gerade seines Lebens. Das Denken, das Berechnen der größeren Wirkung ist das Erste. Ihr zuliebe versteht man sich darauf, ein wenig von seiner persönlichen Freiheit aufzugeben. Innerlich bleibt man ja unabhängig. Aber kein Schritt in der Geschichte lässt sich zurücktun. Die Zeit und also das Leben sind nicht umkehrbar. Einmal an die Tätigkeit zu mehreren gewöhnt und an ihre Erfolge, verwickelt sich der Mensch immer tiefer in diese verhängnisvollen Bindungen. *Das unternehmende Denken* greift immer stärker in das Seelenleben ein. Der Mensch ist Sklave seines Gedankens geworden.

Der Schritt vom Gebrauch persönlicher Werkzeuge zum Unternehmen von mehreren bezeichnet eine ungeheuer wachsende *Künstlichkeit* der Verfahren. Das Arbeiten mit künstlichen *Stoffen*, das Töpfern, Weben und Flechten, will noch nicht viel besagen, obwohl es viel durchgeistigter, viel *schöpferischer* ist als alles Frühere. Aber über zahlreiche Verfahren, von denen wir nichts mehr wissen können, ragen einige von gewaltiger Gedankenkraft hinaus, die Spuren hinterlassen haben. Vor allem sind es die, welche aus dem „Gedanken des Bauens" erwachsen sind. Wir kennen Bergwerke auf Feuerstein, lange vor aller Kenntnis der Metalle, in Belgien, England, Österreich, Sizilien, Portugal, die sicher bis in diese Zeit zurückreichen, mit Schächten und Stollen, Wetterführung und Abstützungen, in denen mit Werkzeugen aus Hirschgeweih gearbeitet wurde.* Es gibt in „frühneolithischer“ Zeit starke Beziehungen zwischen Portugal und Nordwestspanien und der Bretagne unter Umgehung von Südfrankreich, zwischen der Bretagne und Irland, die eine geregelte Schifffahrt und also den Bau von leistungsfähigen Fahrzeugen unbekannter Art voraussetzen. Es gibt in Spanien Megalithbauten aus behauenen Steinen von gewaltiger Größe, mit Deckplatten im Gewicht von mehr als 100 000 kg, die oft von weither herangeschafft und mit einer uns unbekannten Technik an ihren Platz gesetzt werden mussten. Macht man sich klar, was zu solchen Unternehmungen nötig ist an Nachdenken, Beratung, Aufsicht, Befehlen, an monate- und jahrelanger Vorbereitung zur Gewinnung und zum Heranbringen des Materials, zur zeitlichen und räumlichen Verteilung der Aufgaben, dem Entwerfen des Planes, zur Übernahme und Leitung der Ausführung? Welch langes Vorausdenken fordert das Unternehmen der Schifffahrt auf hoher See im Vergleich zur Herrichtung eines Feuersteinmessers! Schon der „zusammengesetzte Bogen“, der auf spanischen Felsbildern dieser Zeit vorkommt, verlangt zu seiner Herstellung aus wechselnden Lagen von Sehnenmasse, Horn und bestimmten Hölzern ein kompliziertes Verfahren, das sich über 5–7 Jahre ausdehnt. Und die „Erfindung des Wagens“, wie wir sehr naiv sagen, was setzt sie für ein Nachdenken, Anordnen und Tun voraus, das sich von Zweck, Weg und Art des „Fahrens“, der Wahl und

* „Reallexikon der Vorgeschichte“, Bd. I (Bergbau).

Herstellung der *Straße*, an die meist niemand denkt, der Beschaffung oder Züchtung von Zugtieren bis zu Erwägungen über Größe und Art der Belastung, deren Sicherung, über Lenkung und Unterkunft erstreckt!

Eine ganz andere Welt von Schöpfungen geht aus dem „*Gedanken des Zeugens*" hervor, nämlich der Züchtung von Pflanzen und Tieren, durch welche der Mensch selbst die Schöpferin Natur vertritt, nachahmt, verändert, verbessert und vergewaltigt. Seit er – damals – Pflanzen *anbaute*, statt sie zu sammeln, hat er sie sicherlich mit Bewusstsein für seine Zwecke umgestaltet. Jedenfalls gehören die Funde zu Arten, die wild wachsend nicht nachgewiesen sind. Und die ältesten Funde von Tierknochen, welche Viehhaltung in irgendeiner Form beweisen, zeigen bereits die Folgen der „Domestikation", die bestimmt zum Teil gewollt und durch Züchtung erreicht worden sind.* Der Begriff der Beute des Raubtieres erweitert sich: Nicht nur das erlegte Tier ist Beute und Eigentum, sondern schon die frei weidende Wildherde,** ob man sie nun einhegt oder nicht.*** Sie gehört jemandem, einem Stamm oder Jägertrupp, und dieser verteidigt sein Recht auf Ausbeutung. Die Überführung in Gefangenschaft zum Zweck der Züchtung, die den Anbau von Futter-

---

* Max Hilzheimer, „Natürliche Rassengeschichte der Haussäugetiere" (1926).

** Wie heute der Wildbestand unserer Wälder.

*** Noch im 19. Jahrhundert folgten Indianerstämme den großen Büffelherden, wie jetzt noch die Gauchos in Argentinien den Rinderherden, die Privateigentum sind. Das Nomadentum ist zum Teil so, aus der Sesshaftigkeit heraus, entstanden.

mitteln voraussetzt, ist nur eine von mehreren Arten des Besitzens.

Ich hatte gezeigt, dass die Entstehung der bewaffneten Hand die *logische* Trennung von zwei Verfahren zur Folge hatte: die Herstellung und den Gebrauch der Waffe. Ebenso folgt nun aus dem sprachgeleiteten Unternehmen die Trennung der Tätigkeiten des *Denkens* und der *Hand.* Bei jedem Unternehmen lässt sich *Ausdenken* und *Ausführen* unterscheiden und von jetzt an ist die Leistung des praktischen Denkens die erste und wichtigste. Es gibt *Führerarbeit* und *ausführende Arbeit*: das ist für alle kommenden Zeiten die technische Grundform des gesamten menschlichen Lebens geworden.* Ob es sich um eine Jagd auf großes Wild oder einen Tempelbau, um ein kriegerisches oder landwirtschaftliches Unternehmen, die Gründung einer Firma oder eines Staates, um einen Karawanenzug, einen Aufstand, selbst um ein Verbrechen handelt – immer muss zuerst ein unternehmender, erfinderischer Kopf da sein, der die Idee hat, die Ausführung leitet, der befiehlt, die Aufgaben verteilt, kurz, der zum Führer geboren ist über andere, die es nicht sind.

Es gibt aber nicht nur zwei Arten von Technik im Zeitalter des sprachgeleiteten Unternehmens, die von Jahrhundert zu Jahrhundert schärfer auseinandertreten, sondern auch *zwei Arten von Menschen*, die sich durch ihre Begabung für eine von ihnen unterscheiden. Es gibt bei jedem Verfahren eine Technik des Führens und eine andere der Ausführung, aber ebenso selbstverständlich gibt

---

* „Untergang des Abendlandes", Bd. II, Kap. V, § 2, 4.

es *von Natur Befehlende und Gehorchende, Subjekte und Objekte der politischen oder wirtschaftlichen Verfahren.* Das ist die Grundform des vielgestaltig gewordenen menschlichen Lebens seit dieser Wandlung, die nur mit dem Leben selbst zu beseitigen ist.

Zugegeben, dass sie widernatürlich und künstlich ist – aber das ist ja „Kultur“. Sie mag verhängnisvoll sein und ist es zu Zeiten wirklich gewesen, weil man sich einbildete, sie künstlich beseitigen zu können, aber sie ist nichtsdestoweniger eine unerschütterliche Tatsache. Regieren, Entscheiden, Leiten, Befehlen ist eine Kunst, eine schwierige Technik, die wie jede andere eine angeborene Begabung voraussetzt. Nur Kinder glauben, dass der König mit der Krone zu Bett geht, und Untermenschen der Großstädte, Marxisten, Literaten, glauben von Wirtschaftsführern etwas Ähnliches. Unternehmen ist eine *Arbeit*, welche die Handarbeit erst möglich macht. Und ebenso ist das Erfinden, Ausdenken, Berechnen, Durchführen neuer Verfahren eine *schöpferische* Tätigkeit begabter Köpfe, welche die ausführende Tätigkeit der Unschöpferischen zur notwendigen Folge hat. Hierher gehört der etwas altmodische Unterschied von Genie und Talent. Genie ist – wörtlich* – die Schöpferkraft, der heilige Funke im einzelnen Leben, der in Strömen von Generationen rätselhaft auftaucht und erlischt und plötzlich ein Zeitalter weithin erleuchtet. Talent ist eine Begabung für *vorhandene* Einzelaufgaben, die sich durch Tradition, Lernen, Übung, Dressur zu starker Wirkung entwickeln

---

* Es kommt vom lateinischen *genius*, der männlichen Zeugungskraft.

lässt. Talent setzt Genie voraus, um angewendet werden zu können, nicht umgekehrt.

Es gibt zuletzt einen natürlichen *Rangunterschied* zwischen Menschen, die zum Herrschen und die zum Dienen geboren sind, zwischen Führern und Geführten *des Lebens*. Er ist schlechthin vorhanden und wird in gesunden Zeiten und Bevölkerungen von jedermann unwillkürlich als *Tatsache* anerkannt, obgleich sich in Jahrhunderten des Verfalls die meisten zwingen, das zu leugnen oder nicht zu sehen. Aber gerade das Gerede von der „natürlichen Gleichheit aller“ beweist, dass es hier etwas fortzubeweisen gibt.

9

Das sprachgeleitete Unternehmen ist nun mit einer gewaltigen Einbuße an Freiheit, der alten Freiheit des Raubtieres, verbunden – *für die Führer wie die Geführten.* Sie werden beide geistig, seelisch, mit Leib und Leben Glieder einer größeren Einheit. *Das nennen wir Organisation.* Es ist die Zusammenfassung des tätigen Lebens in feste Formen, das In-Form-Sein für Unternehmungen irgendwelcher Art. Mit dem Tun zu mehreren erfolgt der entscheidende Schritt *vom organischen zum organisierten Dasein*, vom Leben in *natürlichen* zu dem in *künstlichen* Gruppen, vom Rudel zu Volk, Stamm, Stand und Staat.

Aus Raubtierkämpfen zwischen einzelnen ist der Krieg geworden, ein Unternehmen von Stamm gegen Stamm, mit Führern und Gefolgschaften, mit organisierten Märschen, Überfällen und Gefechten. Aus der Vernichtung des Besiegten wird das Gesetz, das dem Unterliegenden auferlegt wird. Das menschliche Recht ist immer ein *Recht des Stärkeren*, das der Schwächere zu befolgen hat,* und dieses Recht zwischen Stämmen als dauernd gedacht ist der „*Friede*". Einen solchen Frieden gibt es auch *innerhalb* des Stammes, um seine Kräfte für Aufgaben nach außen hin verfügbar zu halten: *der Staat ist die innere Ordnung eines Volkes für den äußeren Zweck.* Der Staat ist als Form,

---

* „Untergang des Abendlandes", Bd. II, Kap. I, § 15; Kap. IV, § 6.

als *Möglichkeit*, was die Geschichte eines Volkes als *Wirklichkeit* ist.* Geschichte aber ist Kriegsgeschichte, damals wie heute. Politik ist nur der vorübergehende Ersatz des Krieges durch den Kampf mit geistigeren Waffen. Und die Mannschaft eines Volkes ist ursprünglich gleichbedeutend mit seinem Heer. Der Charakter des freien Raubtieres ist in wesentlichen Zügen vom Einzelnen auf das organisierte Volk übergegangen, *das Tier mit einer Seele und vielen Händen.*** Regierungs-, Kriegs- und diplomatische Technik haben dieselbe Wurzel und zu allen Zeiten eine tief innerliche Verwandtschaft.

Es gibt Völker, deren starke Rasse den Raubtiercharakter bewahrt hat, räuberische, erobernde, Herrenvölker, Liebhaber des Kampfes gegen Menschen, welche den wirtschaftlichen Kampf gegen die Natur den anderen überlassen, um sie zu plündern und zu unterwerfen. Mit der Schifffahrt zugleich ist der Seeraub, mit dem Nomadenleben der Überfall auf Handelsstraßen, mit dem Bauerntum dessen Knechtung durch einen kriegerischen Adel gegeben.

Denn mit der Organisation zu Unternehmungen trennt sich auch die *politische* und die *wirtschaftliche* Seite des Lebens, die Richtung auf *Macht* oder auf *Beute*. Es gibt nicht nur eine Gliederung innerhalb der Völker nach Tätigkeiten, Krieger und Handwerker, Häuptlinge und Bauern, sondern auch die Organisation ganzer Stämme für einen einzigen wirtschaftlichen Beruf. Es muss da-

---

; Abendlandes", Bd. II, Kap. I, § 15; Kap. IV, § 6.

Kopf, nicht mit vielen.

mals schon Jäger-, Viehzüchter-, Bauernstämme gegeben haben, Bergbau-, Töpfer- und Fischerdörfer, politische Organisationen von Seefahrern und Händlern. Und darüber hinaus gibt es Erobervölker *ohne* wirtschaftliche Arbeit. Je härter der Kampf um Macht und Beute, desto enger und strenger die Bindungen des Einzelnen durch Recht und Gewalt.

In den Stämmen dieser frühen Art bedeutet das einzelne Leben wenig oder gar nichts. Man mache sich nur klar – die isländischen Sagas geben einen Einblick –, dass bei jeder Fahrt über See nur ein Teil der Schiffe ankommt, dass bei jedem großen Bau ein erheblicher Teil der Arbeitenden zugrunde geht, dass ganze Stämme in Zeiten der Trockenheit verhungern – es kommt nur darauf an, dass so viele übrig bleiben, um die *Seele* des Ganzen zu repräsentieren. Die Zahl wächst rasch wieder nach. Als Vernichtung empfindet man nicht den Untergang einzelner oder vieler, sondern das *Erlöschen der Organisation*, des „Wir".

In dieser wachsenden gegenseitigen Abhängigkeit liegt die stille und tiefe Rache der Natur an dem Wesen, das ihr das Vorrecht auf Schöpfertum entriss. Dieser kleine Schöpfer *wider* die Natur, dieser Revolutionär in der Welt des Lebens ist der *Sklave* seiner Schöpfung geworden. Die Kultur, der Inbegriff künstlicher, persönlicher, selbst geschaffener Lebensformen, entwickelt sich zu einem Käfig mit engen Gittern für diese unbändige Seele. Das Raubtier, das andere Wesen zu Haustieren machte, um sie für sich auszubeuten, hat sich selbst gefangen. Das *Haus* des Menschen ist das große Symbol dafür.

Und seine wachsende Zahl, in welcher der Einzelne sich bedeutungslos verliert. Denn das gehört zu den folgenschwersten Wirkungen menschlichen Unternehmergeistes, dass die Bevölkerung sich vervielfacht. Wo einst ein Rudel von wenigen hundert Köpfen schweifte, *sitzt* jetzt ein Volk von Zehntausenden. Es gibt kaum noch menschenleere Räume. Volk grenzt an Volk, und die bloße *Tatsache* der Grenze, der Grenze eigener *Macht*, reizt die alten Instinkte zu Hass, Angriff und Vernichtung. Die Grenze jeder Art, auch die geistige, ist der Todfeind des Willens zur Macht.

Es ist nicht wahr, dass menschliche Technik Arbeit erspart. Es gehört zum Wesen der sich verändernden, persönlichen Menschentechnik im Gegensatz zur Gattungstechnik der Tiere, dass jede Erfindung die Möglichkeit und Notwendigkeit neuer Erfindungen enthält, dass jeder erfüllte Wunsch tausend andere weckt, jeder Triumph über die Natur zu noch größeren reizt. Die Seele dieses Raubtiers ist unersättlich, sein Wollen nie zu befriedigen – das ist der Fluch, der auf dieser Art von Leben liegt, aber auch die Größe in ihrem Schicksal. Ruhe, Glück, Genuss sind gerade den höchsten Exemplaren unbekannt. Und kein Erfinder hat je die *praktische* Wirkung seiner Tat richtig vorausgesehen. Je fruchtbarer die Führerarbeit ist, desto größer wird der Bedarf an ausführenden Händen. Deshalb beginnt man die Gefangenen feindlicher Stämme, statt sie zu töten, hinsichtlich ihrer Körperkraft auszubeuten. Das ist der Beginn der *Sklaverei*, die genauso alt sein muss wie die Sklaverei der Haustiere.

Diese Völker und Stämme vermehren sich gewissermaßen *nach unten*. Nicht die Zahl der „Köpfe“ wächst, sondern die der Hände. Die Gruppe der Führernaturen bleibt klein. Es ist das Rudel der eigentlichen Raubtiere, das *Rudel der Begabten*, das über die wachsende *Herde* der anderen in irgendeiner Weise verfügt.

Aber selbst diese Herrschaft der wenigen ist von der alten Freiheit weit entfernt. Das liegt in dem Wort Friedrichs des Großen: „Ich bin der erste Diener meines Staates." Deshalb der tiefe verzweifelte Drang der Ausnahmemenschen, *innerlich frei* zu bleiben. Hier und erst hier beginnt der *Individualismus als der Widerspruch gegen die Psychologie der „Masse"*. Es ist das letzte Aufbäumen der Raubtierseele gegen die Gefangenschaft in der Kultur, der letzte Versuch, sich der seelischen und geistigen *Einebnung* zu entziehen, die durch die Tatsache der großen Zahl bewirkt und dargestellt wird. Deshalb die Lebenstypen des Eroberers, des Abenteurers, des Einsiedlers, selbst ein gewisser Typus von Verbrechern und Bohemiens. Man will der Wirkung der saugenden Zahl entgehen, indem man sich über sie stellt, vor ihr flieht, sie verachtet. Die Idee der Persönlichkeit, dunkel beginnend, ist ein Protest gegen den Menschen der Masse. Die Spannung zwischen beiden wächst bis zum tragischen Ende.

Der Hass, das eigentliche Rassegefühl der Raubtiere, setzt voraus, dass man den Gegner *achtet.* Es liegt eine gewisse Anerkennung der Gleichheit des seelischen Ranges darin. Wesen, die tiefer stehen, verachtet man. Wesen, die selbst tief stehen, sind *neidisch.* Alle frühen Märchen, Göttermythen und Heldensagen sind voll von solchen Motiven. Der Adler hasst nur seinesgleichen. Er beneidet niemanden, er verachtet viele, alle. Die Verachtung blickt aus der Höhe herab, der Neid schielt von unten herauf –

es sind die *welthistorischen* Gefühle der zu Staaten und Ständen organisierten Menschheit, deren friedliche Exemplare ohnmächtig an den Stäben des Käfigs rütteln, der sie zusammen einschließt. Von dieser Tatsache und ihren Folgen kann befreien. So war es, so wird es sein – oder es wird gar nichts mehr sein. Es hat einen Sinn, diese Tatsache zu achten oder zu verachten. Sie zu *verändern* ist unmöglich. Das Schicksal des Menschen ist im Lauf und muss sich vollenden.

DER AUSGANG: AUFSTIEG UND ENDE DER MASCHINENKULTUR

10

Die „Kultur“ der bewaffneten Hand hatte einen langen Atem und hat die ganze Gattung Mensch ergriffen. Die „Kulturen des Sprechens und Unternehmens“ es sind bereits *mehrere*, die sich deutlich unterscheiden lassen –, diese Kulturen des beginnenden seelischen Gegensatzes zwischen Persönlichkeit und Masse, des herrschsüchtig werdenden „Geistes“ und des von ihm vergewaltigten Lebens ergreifen nur noch einen *Teil* der Menschenwelt und sind heute, nach wenigen Jahrtausenden, längst alle erloschen und zersetzt. Was wir „Naturvölker“ und „Primitive“ nennen, sind nur die Reste des lebenden Materials, Ruinen einstiger durchseelter Formen, Schlacken, aus denen die Glut des Werdens und Vergehens entschwunden ist.

Aus diesem Boden wachsen seit 3000 v. Chr. hier und dort *die hohen Kulturen** auf, Kulturen im engsten und größten Sinne, jede nur noch einen sehr kleinen Raum

---

* „Untergang des Abendlandes“, Bd. I, Kap. II, § 6.

der Erdoberfläche erfüllend und von der Dauer kaum eines Jahrtausends. Es ist das Tempo der letzten Katastrophen. Jedes Jahrzehnt bedeutet etwas, jedes einzelne Jahr fast hat „ein Gesicht". Es ist Weltgeschichte im eigentlichsten, anspruchsvollsten Sinne. Diese Gruppe von leidenschaftlichen Lebensläufen hat als ihr Symbol und ihre „Welt" die *Stadt* erfunden, gegenüber dem *Dorf* der voraufgehenden Stufe, die steinerne Stadt als das Gehäuse des ganz künstlichen, von der mütterlichen Erde getrennten, *vollkommen* gegennatürlich gewordenen Lebens, die Stadt des wurzellosen Denkens, welche die Ströme des Lebens vom Lande an sich zieht und verbraucht.* Dort entsteht die „*Gesellschaft*"** mit ihrer ständischen Rangordnung – Adlige, Priester, Bürger – gegenüber dem „groben Bauerntum" als die *künstliche* Stufung des Lebens – die *natürliche* ist die in Starke und Schwache, Kluge und Dumme – und als Sitz einer vollkommen durchgeistigten Kulturentwicklung. Dort herrschen „Luxus" und „Reichtum". Das sind Begriffe, die von denen, die nicht dazu gehören, neidisch missverstanden werden. Aber Luxus ist nichts als Kultur in anspruchsvollster Form. Man denke an das Athen des Perikles, das Bagdad Harun al Raschids und an das Rokoko. Diese Kultur der Städte ist *durch und durch* Luxus, in *allen* Schichten und Berufen, umso reicher und reifer, je später die Zeiten werden, durch und durch künstlich, ob es sich nun um Künste der Diplomatie, der Lebensführung, des Schmückens,

---

* „Untergang des Abendlandes", Bd. II, Kap. II (Die Seele der Stadt).

** Ebd. Kap. IV, § 1 und 4.

Schreibens und Denkens oder des Wirtschaftslebens handelt. Ohne wirtschaftlichen Reichtum, der sich in wenigen Händen sammelt, ist auch „Reichtum“ an bildenden Künsten, an Geist, an vornehmer Sitte unmöglich, um von dem Luxus an Weltanschauungen, an theoretischem statt praktischem Denken zu schweigen. Wirtschaftliche Verarmung zieht geistige und künstlerische sofort nach sich.

Und in diesem Sinne sind auch die technischen Verfahren, dic in der Gruppe dieser Kulturen heranreifen, geistiger Luxus, späte, süße, leicht verletzliche Früchte einer wachsenden Künstlichkeit und Durchgeistigung. Sie beginnen mit dem Bau der Gräberpyramiden Ägyptens und der sumerischen Tempeltürme Babyloniens, die im dritten Jahrtausend v. Chr. tief im Süden entstehen und lediglich den Sieg über schwere *Massen* bedeuten, und gehen über dic Unternehmungen der chinesischen, indischen, antiken, der arabischen und mexikanischen Kultur bis zu denen der faustischen im zweiten Jahrtausend n. Chr. im hohen Norden, welche den Sieg über schwere *Probleme* reinen technischen Denkens darstellen.

Denn diese Kulturen wachsen *unabhängig* voneinander und in einer Folge auf, die von Süden nach Norden weist. Die faustische, westeuropäische Kultur ist *vielleicht* nicht die letzte, *sicherlich* aber die gewaltigste, leidenschaftlichste, durch ihren inneren Gegensatz zwischen umfassender Durchgeistigung und tiefster seelischer Zerrissenheit die tragischste von allen. Es ist möglich, dass noch ein matter Nachzügler kommt, etwa irgendwo in der Ebene zwischen Weichsel und Amur und im nächsten Jahrtausend, hier aber ist der Kampf zwischen der Natur und dem

Menschen, der sich durch sein historisches Dasein gegen sie aufgelehnt hat, *praktisch zu Ende geführt worden.*

Die nordische Landschaft hat den Menschenschlag in ihr durch die Schwere der Lebensbedingungen, die Kälte, die beständige Lebens*not* zu harten Rassen geschmiedet, mit einem bis aufs Äußerste geschärften Geist, mit der kalten Glut einer unbändigen Leidenschaft im Kämpfen, Wagen, Vorwärtsdrängen – das, was ich das *Pathos der dritten Dimension* genannt habe.* Es sind noch einmal echte Raubtiere, deren Seelenkraft nach der Unmöglichkeit ringt, die Übermacht des Denkens, des organisierten künstlichen Lebens über das Blut zu brechen und in ein *Dienen* zu verwandeln, das Schicksal der freien Persönlichkeit zum *Sinn* der Welt zu erheben. Ein Wille zur Macht, der aller Grenzen von Zeit und Raum spottet, der das Grenzenlose, das Unendliche zum eigentlichen Ziel hat, unterwirft sich ganze Erdteile, umfasst zuletzt den Erdball mit den Formen seines Verkehrs und seines Nachrichtenwesens und *verwandelt* ihn durch die Gewalt seiner praktischen Energie und die Ungeheuerlichkeit seiner technischen Verfahren.

Am Anfang jeder hohen Kultur bilden sich die beiden Urstände, Adel und Priestertum, als die Anfänge der „Gesellschaft" über dem bäuerlichen Leben des flachen Landes.** Sie verkörpern Ideen, und zwar Ideen, die einander ausschließen. Der Adlige, Krieger, Abenteurer lebt in der Welt der *Tatsachen*, der Priester, Gelehrte, Philo-

---

* „Untergang des Abendlandes", Bd. I, Kap. III, § 2 f.; Kap. V, § 3.

** Ebd. Bd. II, Kap. IV, § 2.

soph in seiner Welt der *Wahrheiten.* Der eine erleidet oder ist ein *Schicksal,* der andere denkt in *Kausalitäten.* Jener will den Geist in den Dienst eines starken Lebens stellen, dieser sein Leben in den Dienst des Geistes. Nirgends hat der Gegensatz unversöhnlichere Formen angenommen als in der faustischen Kultur, in der das stolze Blut der Raubtiere sich zum letzten Mal gegen die Tyrannei des reinen Denkens auflehnt. Von dem Kampf zwischen den Ideen des Kaisertums und Papsttums im 12. und 13. Jahrhundert an bis zum Kampf zwischen den Mächten einer vornehmen Rassetradition – Königtum, Adel, Heer – und den Theorien eines plebejischen Rationalismus, Liberalismus, Sozialismus – von der französischen bis zur deutschen Revolution – wurde immer wieder die Entscheidung gesucht.

11

Dieser Unterschied besteht in voller Größe zwischen den *Wikingern des Blutes* und den *Wikingern des Geistes* im Aufstieg der faustischen Kultur. Jene erreichen in unstillbarem Drang nach unendlichen Fernen vom hohen Norden aus 796 Spanien, 859 das Innere Russlands, 861 Island und zur selben Zeit Marokko, von dort her die Provence und die Nähe von Rom, 865 über Kiew (Känugard), das Schwarze Meer und Byzanz, 880 das Kaspische Meer, 909 Persien. Sie besiedeln um 900 die Normandie und Island, um 980 Grönland, entdecken um 1000 Nordamerika. 1029 sind sie von der Normandie her in Unteritalien und Sizilien, 1034 von Byzanz aus in Griechenland und Kleinasien, 1066 erobern sie von der Normandie aus England.*

Mit derselben Kühnheit und demselben Hunger nach geistiger Macht und Beute dringen nordische Mönche des 13. und 14. Jahrhunderts in die Welt technisch-physikalischer Probleme ein. Hier ist nichts von der tatfremden müßigen Neugierde chinesischer, indischer, antiker und arabischer Gelehrter. Hier gibt es keine Spekulation mit dem Ziel, eine bloße „Theorie", ein Bild zu erhalten von dem, was man nicht wissen kann. Zwar ist jede naturwissenschaftliche Theorie ein *Mythus des Verstandes*

---

* K. Th. Strasser, „Wikinger und Normannen" (1928).

von den Mächten der Natur, und jede ist von der *zugehörigen* Religion durch und durch abhängig.[*] Hier aber, und hier allein, ist die Theorie von Anfang an *Arbeitshypothese*.[**]

Eine Arbeitshypothese braucht nicht „richtig", sie muss nur praktisch brauchbar sein. Sie will die Geheimnisse der Welt rings um uns her nicht enthüllen, sondern bestimmten Zwecken *dienstbar* machen. Deshalb die Forderung der *mathematischen* Methode, die von den Engländern Robert Grosseteste (geb. 1175) und Roger Bacon (geb. 1210), den Deutschen Albertus Magnus (geb. 1193) und Witelo (geb. 1220) erhoben wurde. Deshalb das *Experiment*, Bacons *scientia experimentalis*, die Befragung der Natur mit der Folter, mit Hebeln und Schrauben.[***] *Experimentum enim solum certificat*, wie Albertus Magnus schrieb. Es ist die Kriegslist geistiger Raubtiere. Sie glaubten, dass sie „Gott erkennen" wollten und wollten doch allein die *Kräfte der anorganischen Natur*, die unsichtbare Energie in allem, was geschieht, isolieren, fassbar, benutzbar machen.

Die faustische Naturwissenschaft und diese allein ist *Dynamik*, gegenüber der Statik der Griechen und der Alchemie der Araber.[†] Nicht auf Stoffe, sondern auf Kräfte kommt es an. Die Masse selbst ist eine Funktion der

---

[*] Zum Folgenden gibt es Ausführungen im: „Untergang des Abendlandes", Bd. I, Kap. VI.

[**] Ebd. Bd. II, Kap. III, § 19.

[***] Ebd. Bd. II, Kap. V, § 6.

[†] Ebd. Bd. I, Kap. VI, § 12.

Energie. Grosseteste entwickelte eine Theorie des Raumes als einer Funktion des Lichtes, Petrus Peregrinus eine Theorie des Magnetismus. In einer Handschrift von 1322 wird die kopernikanische Theorie von der Bewegung der Erde um die Sonne angedeutet, worauf fünfzig Jahre später Nikolaus von Oresme in „*De coelo et mundo*" diese Theorie klarer und tiefer begründet als Kopernikus selbst und in „*De differentia qualitatum*" die Fallgesetze Galileis und die Koordinatengeometrie von Descartes vorwegnimmt.

Man erblickt in Gott nicht mehr den Herrn, der von seinem Thron aus die Welt regiert, sondern eine unendliche, kaum noch persönlich gedachte Kraft, die überall in der Welt gegenwärtig ist. Es war ein seltsamer Gottesdienst, diese experimentelle Erforschung der geheimen Kräfte durch fromme Mönche. Und, wie ein alter deutscher Mystiker sagte: „Indem du Gott dienst, dient Gott dir."

Man hatte es satt, sich mit dem Dienst von Pflanzen, Tieren und Sklaven zu begnügen, die Natur ihrer Schätze zu berauben – der Metalle, Steine, Hölzer, Faserstoffe, des Wassers in Kanälen und Brunnen –, ihre Widerstände zu besiegen durch Schifffahrt, Straßen, Brücken, Tunnels und Deiche. Sie sollte nicht mehr in ihren Stoffen *geplündert*, sondern *in ihren Kräften selbst ins Joch gespannt* werden und Sklavendienste tun, um die Stärke des Menschen zu vervielfachen.

Dieser ungeheuerliche Gedanke, so fremd allen andern, ist so alt wie die faustische Kultur. Schon im 10. Jahrhundert treffen wir technische Konstruktionen von einer ganz neuen Art. Schon Roger Bacon und Albertus Magnus

haben über Dampfmaschinen, Damp
zeuge nachgedacht. Und viele grübelte
zellen über der Idee des *Perpetuum mob*

Dieser Gedanke ließ uns nicht wie
der endgültige Sieg über Gott oder die
natura – gewesen: Eine kleine selbst ges
sich wie die große aus *eigener* Kraft bewegt und nur dem Finger des Menschen gehorcht. *Selbst* eine Welt erbauen, *selbst* Gott sein – das war der faustische Erfindertraum, aus dem von da an alle Entwürfe von Maschinen hervorgingen, die sich dem unerreichbaren Ziel des Perpetuum mobile so sehr als möglich näherten.

Der Begriff der Beute des Raubtieres wird zu Ende gedacht. Nicht dies und das, wie das Feuer, das Prometheus stahl, sondern die Welt selbst wird *mit* dem Geheimnis ihrer Kraft als Beute davongeschleppt, hinein in den Bau dieser Kultur. Wer nicht selbst von diesem Willen zur Allmacht über die Natur besessen war, musste das als teuflisch empfinden und man hat die Maschine stets als die Erfindung des Teufels empfunden und gefürchtet. Mit Roger Bacon beginnt die lange Reihe derjenigen, die als Zauberer und Ketzer zugrunde gingen.

Aber die Geschichte der westeuropäischen Technik schritt vorwärts. Um 1500 beginnt mit Vasco da Gama und Kolumbus eine neue Reihe von Wikingerzügen. Neue Reiche werden in West- und Ostindien geschaffen oder

---

* „Untergang des Abendlandes", Bd. II, Kap. V (Die Maschine). – Ebenso nachzulesen im „Epistola de Magnete" des Petrus Peregrinus von 1269.

und ein Strom von Menschen nordischen Blutes* ßt sich nach Amerika, wo einst die Islandfahrer vergeblich gelandet waren. Und gleichzeitig werden die Wikingerfahrten des Geistes in gewaltigem Maßstab fortgesetzt. Schießpulver und Buchdruck werden erfunden. Seit Kopernikus und Galilei folgen unzählige technische Verfahren aufeinander, die sämtlich den Sinn hatten, anorganische Kraft aus der Umwelt zu isolieren und an der Stelle von Tieren und Menschen Arbeit leisten zu lassen.

Die Technik ist mit den wachsenden Städten *bürgerlich* geworden. Der Nachfolger jener gotischen Mönche war der weltlich gelehrte Erfinder, *der wissende Priester der Maschine.* Mit dem Rationalismus endlich wird der „Glaube an die Technik“ fast zur materialistischen Religion: Die Technik ist ewig und unvergänglich wie Gott Vater – sie erlöst die Menschheit wie der Sohn, sie erleuchtet uns wie der Heilige Geist. Und ihr Anbeter ist der Fortschrittsphilister der Neuzeit, von Lamettrie bis Lenin.

In Wirklichkeit hat die Leidenschaft des Erfinders mit ihren Folgen *gar nichts* zu tun. Sie ist sein persönlicher Lebenstrieb, sein *persönliches* Glück und Leiden. Er will *für sich* den Triumph über schwierige Probleme genießen, den Reichtum und Ruhm, den ihm der Erfolg einbringt. Ob seine Erfindung nützlich oder verhängnisvoll ist, schaffend oder zerstörend, das ficht ihn nicht an, selbst wenn irgendein Mensch imstande wäre, das von Anfang

---

* Denn auch was aus Spanien, Portugal und Frankreich hinüberwandert, sind sicherlich zum größten Teil Nachkommen der Eroberer aus der Völkerwanderung gewesen. Was zurückblieb, war der Menschenschlag, der schon Kelten, Römer und Sarazenen überdauert hatte.

an zu wissen. Aber die *Wirkung* einer „technischen Errungenschaft der Menschheit" sieht *niemand* voraus, abgesehen davon, dass „die Menschheit" nie etwas erfunden hat. Chemische Erfindungen wie die Synthese des Indigo und in kurzer Zeit wahrscheinlich die des künstlichen Gummi zerstören die Lebensbedingungen ganzer Länder, die elektrische Kraftübertragung und die Erschließung der Wasserkräfte haben die alten Kohlengebiete Europas *samt ihrer Bevölkerung* entwertet. Haben solche Überlegungen je einen Erfinder dahin gebracht, sein Werk zu vernichten? Dann kennt man die Raubtiernatur des Menschen schlecht. Alle großen Erfindungen und Unternehmungen stammen aus der Freude starker Menschen am Sieg. Sie sind Ausdruck der *Persönlichkeit* und nicht des Nützlichkeitsdenkens der Massen, die nur *zusehen*, aber die Folgen hinnehmen müssen, wie sie auch sind.

Und diese Folgen sind ungeheuerlich. Die kleine Schar der geborenen Führer, der Unternehmer und Erfinder, zwingt die Natur, eine Arbeit zu leisten, die nach Millionen und Milliarden von – Pferdekräften bemessen wird und der gegenüber das Quantum menschlicher Körperkraft nichts mehr bedeutet. Man versteht die Geheimnisse der Natur so wenig als je, aber man kennt die Arbeitshypothese, die nicht „wahr", sondern nur zweckmäßig ist, mit deren Hilfe man sie zwingt, dem menschlichen Befehl, dem leisesten Druck auf einen Knopf oder Hebel zu *gehorchen*. Das Tempo der Erfindungen wächst ins Phantastische und trotzdem, es muss immer wieder gesagt werden, es wird dabei *nichts* von menschlicher Arbeit gespart. Die Zahl der notwendigen Hände *wächst* mit der

Zahl der Maschinen, weil der technische Luxus jede andere Art von Luxus steigert* und weil das künstliche Leben immer künstlicher wird.

Seit der Erfindung der Maschine, der listigsten aller Waffen gegen die Natur, die überhaupt möglich ist, haben Unternehmer und Erfinder die Zahl der Hände, deren sie bedürfen, im Wesentlichen auf deren *Herstellung* verwendet. Die *Arbeit* der Maschine wird von der anorganischen Kraft geleistet, der Spannkraft von Dampf oder Gas, der Elektrizität und der Wärme, die aus oder durch Kohle, Erdöl und Wasser befreit werden. Aber damit ist die seelische Spannung zwischen Führern und Geführten gefährlich gewachsen. Man versteht einander nicht mehr. Die frühesten „Unternehmungen" der vorchristlichen Jahrtausende forderten die *verstehende* Mitarbeit aller, die wussten und fühlten, um was es ging. Es war eine Art Kameradschaft dabei, wie heute auf der Treibjagd und beim Sport. Schon bei den großen Bauten im frühen Ägypten und Babylonien kann das nicht mehr der Fall gewesen sein. Der einzelne Arbeiter begriff weder das Ziel noch den Zweck des ganzen Verfahrens. Sie waren ihm auch gleichgültig, vielleicht verhasst. „Arbeit" war ein *Fluch*, wie es die Paradieserzählung am Anfang der Bibel darstellt. Jetzt aber, seit dem 18. Jahrhundert, arbeiten die zahllosen „Hände" an Dingen, von deren tatsächlicher Rolle im Leben, auch im eigenen, sie gar nichts mehr wissen und an deren Gelingen sie gar keinen inneren An-

* Man vergleiche das Leben von Arbeitern um 1700 und 1900 und die Lebenshaltung städtischer Arbeiter überhaupt mit der von Bauern.

teil nehmen. Eine seelische Verödung greift um sich, eine trostlose Gleichförmigkeit ohne Höhen und Tiefen, die Erbitterung weckt – gegen das Leben der *Begabten*, die schöpferisch geboren sind. Man will es nicht sehen, man versteht es nicht mehr, dass Führerarbeit die *härtere* Arbeit ist, dass das eigene Leben von ihrem Gelingen *abhängt*. Man fühlt nur, dass diese Arbeit *glücklich* macht, dass sie die Seele beschwingt und bereichert und darum hasst man sie.

12

In der Tat aber vermögen weder die Köpfe noch die Hände etwas an dem Schicksal der Maschinentechnik zu ändern, die sich aus innerer, seelenhafter Notwendigkeit entwickelt hat und nun der Vollendung, dem Ende entgegenreift. Wir stehen heute auf dem Gipfel, dort, wo der fünfte Akt beginnt. Die letzten Entscheidungen fallen. Die Tragödie schließt.

Jede hohe Kultur ist eine Tragödie; die Geschichte des Menschen im Ganzen ist tragisch. Der Frevel und Sturz des faustischen Menschen aber ist größer als alles, was Aischylos und Shakespeare je geschaut haben. Die Schöpfung erhebt sich gegen den Schöpfer: Wie einst der Mikrokosmos Mensch gegen die Natur, so empört sich jetzt der Mikrokosmos Maschine gegen den nordischen Menschen. Der Herr der Welt wird zum Sklaven der Maschine. Sie zwingt ihn, uns, und zwar alle ohne Ausnahme, ob wir es wissen und wollen oder nicht, in die Richtung ihrer Bahn. Der gestürzte Sieger wird von dem rasenden Gespann zu Tode geschleift.

Zu Beginn des 20. Jahrhunderts sieht die „Welt" auf diesem kleinen Planeten so aus: Eine Gruppe von Nationen nordischen Blutes unter der Führung von Engländern, Deutschen, Franzosen und Yankees beherrscht die Lage. Ihre politische Macht beruht auf ihrem *Reichtum* und ihr Reichtum besteht in der Stärke ihrer *Industrie*. Diese aber ist an das Dasein von Kohle gebunden. Die

Lage der erschlossenen Kohlengebiete sichert vor allem den germanischen Völkern beinahe das Monopol und führt zu einer Vermehrung der Bevölkerung, die in der gesamten Geschichte ohne Beispiel ist. Auf dem Rücken der Kohle und an den Knotenpunkten der von ihr ausstrahlenden Verkehrswege sammelt sich eine Menschenmasse von ungeheurem Ausmaß, die von der Maschinentechnik *gezüchtet* ist, *für* sie arbeitet und *von* ihr lebt. Die übrigen Völker werden, ob in der Gestalt von Kolonien oder als scheinbar unabhängige Staaten, in der Rolle von Rohstofferzeugern und Abnehmern erhalten. Diese Verteilung wird gesichert durch Heere und Flotten, deren Unterhalt den *Reichtum von Industrieländern* voraussetzt und die infolge ihrer technischen Durchbildung selbst Maschinen geworden sind und auf einen Fingerdruck hin „arbeiten". Wieder zeigt sich die tiefe Verwandtschaft, ja fast Identität von Politik, Krieg und Wirtschaft. Der *Grad* der militärischen Macht ist vom *Rang* der Industrie abhängig. Industriearme Länder sind arm *überhaupt*, also können sie kein Heer und keinen Krieg bezahlen, also sind sie politisch ohnmächtig, also sind die Arbeiter in ihnen, Führer wie Geführte, Objekte der Wirtschaftspolitik ihrer Gegner.

Gegenüber den Massen ausführender Hände, die der missgünstige „Blick der Kleinen" *allein* sieht, wird *der steigende Wert der Führerarbeit* weniger schöpferischer Köpfe, der Unternehmer, Organisatoren, Erfinder, Ingenieure, nicht mehr begriffen und gewürdigt,* am meisten noch

---

* „Untergang des Abendlandes", Bd. II, Kap. V, § 7.

im praktischen Amerika, am wenigsten im Deutschland der „Dichter und Denker". Der alberne Satz „Alle Räder stehen still, wenn dein starker Arm es will" umnebelt die Gehirne von Schwätzern und Schreibern. *Das* kann auch ein Ziegenbock, der ins Getriebe gerät. Aber diese Räder erfinden und beschäftigen, damit jener „starke Arm" sich ernähren kann, das vermögen nur wenige, die dazu *geboren* sind.

Diese Unverstandenen und Verhassten, das Rudel der starken Persönlichkeiten, haben eine *andere* Psychologie. Sie kennen noch das Triumphgefühl des Raubtieres, das die zuckende Beute unter den Klauen hält, das Gefühl des Kolumbus, als am Horizont das Land erschien, das Gefühl Moltkes bei Sedan, als er am Nachmittag von der Höhe von Frénois aus beobachtete, wie sich der Ring seiner Artillerie bei Illy schloss und damit den Sieg vollendete. Solche Augenblicke, der Gipfel dessen, was ein Mensch erleben *kann*, sind die, in denen ein großes Schiff vor den Augen seines Erbauers die Helling* verlässt, eine neu erfundene Maschine tadellos zu arbeiten beginnt oder der erste Zeppelin sich vom Boden erhob.

Aber das gehört zur Tragik dieser Zeit, dass das entfesselte menschliche Denken seine eigenen Folgen nicht mehr zu erfassen vermag. Die Technik ist esoterisch geworden wie die höhere Mathematik, deren sie sich bedient, wie die physikalische Theorie, die bei ihrem Zerdenken von Abstraktionen der Erscheinung bis zu den reinen Grundformen menschlichen Erkennens vorge-

---

* Schräg abfallender Schiffsbauplatz. *Die Herausgeber.*

drungen ist, ohne es recht zu bemerken.* Die *Mechanisierung der Welt* ist in ein Stadium gefährlichster Überspannung eingetreten. Das Bild der Erde mit ihren Pflanzen, Tieren und Menschen hat sich verändert. In wenigen Jahrzehnten sind die meisten großen Wälder verschwunden, in Zeitungspapier verwandelt worden und damit Veränderungen des Klimas eingetreten, welche die Landwirtschaft ganzer Bevölkerungen bedrohen, unzählige Tierarten sind wie der Büffel ganz oder fast ganz ausgerottet, ganze Menschenrassen wie die nordamerikanischen Indianer und die Australier beinahe zum Verschwinden gebracht worden.

Alles Organische erliegt der um sich greifenden Organisation. Eine künstliche Welt durchsetzt und vergiftet die natürliche. Die Zivilisation ist selbst eine Maschine geworden, die alles maschinenmäßig tut oder tun will. Man denkt nur noch in Pferdekräften. Man erblickt keinen Wasserfall mehr, ohne ihn in Gedanken in elektrische Kraft umzusetzen. Man sieht kein Land voll weidender Herden, ohne an die Auswertung ihres Fleischbestandes zu denken, kein schönes altes Handwerk einer urwüchsigen Bevölkerung ohne den Wunsch, es durch ein modernes technisches Verfahren zu ersetzen. Ob es einen Sinn hat oder nicht, das technische Denken *will* Verwirklichung. Der *Luxus der Maschine* ist die Folge eines Denkzwanges. Die Maschine ist letzten Endes ein *Symbol*, wie ihr geheimes Ideal, das Perpetuum mobile, eine seelisch-geistige, aber keine vitale Notwendigkeit.

---

* „Untergang des Abendlandes", Bd. I, Kap. VI, § 14–15.

Sie beginnt der wirtschaftlichen Praxis vielfach zu widersprechen. Der Zerfall meldet sich schon allenthalben. Die Maschine hebt ihren Zweck durch ihre Zahl und ihre Verfeinerung zuletzt auf. Das Automobil hat sich in den großen Städten durch seine Massenhaftigkeit um die Wirkung gebracht und man kommt schneller zu Fuß vorwärts. In Argentinien, Java und anderswo erweist sich der einfache Pferdepflug der kleinen Besitzer den großen Motoren gegenüber als wirtschaftlich überlegen und verdrängt sie wieder. Schon ist in vielen tropischen Gebieten der farbige Bauer mit seiner primitiven Arbeitsweise ein gefährlicher Konkurrent des modernen technischen Plantagenbetriebes der Weißen geworden. Und der weiße Industriearbeiter im alten Europa und Nordamerika beginnt mit seiner Arbeit fragwürdig zu werden.

Es ist Torheit, wie es im 19. Jahrhundert Mode war, von der drohenden Erschöpfung der Kohlenlager in wenigen Jahrhunderten und deren Folgen zu reden. Auch das war materialistisch gedacht. Abgesehen davon, dass heute schon Erdöl und Wasserkraft als anorganische Kraftreserven von größtem Umfang herangezogen sind, würde technisches Denken sehr bald noch ganz andere Quellen entdecken und erschließen. Aber es handelt sich gar nicht um solche Zeiträume. Die westeuropäisch-amerikanische Technik wird *früher* zu Ende sein. Kein platter Umstand wie der Mangel an Stoffen würde diese gewaltige Entwicklung aufhalten können. Solange der in ihr wirkende *Gedanke* auf der Höhe ist, wird er immer die Mittel zu seinen Zwecken zu schaffen wissen.

Aber wie lange *wird* er auf der Höhe sein? Um auch nur den gegenwärtigen Bestand an technischen Verfahren und Anlagen auf dem gleichen Niveau zu erhalten, sind, sagen wir, 100 000 hervorragende Köpfe nötig, Organisatoren, Erfinder und Ingenieure. Es müssen starke, sogar schöpferische Begabungen sein, für ihre Sache begeistert und mit eisernem Fleiß und großen Kosten durch Jahre hindurch daraufhin ausgebildet. In der Tat haben seit 50 Jahren die meisten starken Begabungen unter der Jugend der weißen Völker eine vorherrschende Neigung gerade für diesen Beruf empfunden. Schon die Knaben spielten mit technischen Dingen. In den städtischen Schichten und Familien, deren Söhne hier vorwiegend in Betracht kommen, waren Wohlstand, eine Tradition geistiger Berufe und verfeinerte Kultur vorhanden, die normalen Voraussetzungen für die Ausbildung dieses reifen und späten Produktes, des technischen Denkens.

Das wendet sich seit Jahrzehnten immer deutlicher, in allen Ländern mit großer und alter Industrie. Das faustische Denken beginnt der Technik satt zu werden. Eine Müdigkeit verbreitet sich, eine Art Pazifismus im Kampf gegen die Natur. Man wendet sich zu einfacheren, naturnäheren Lebensformen, man treibt Sport statt technischer Versuche, man hasst die großen Städte, man möchte aus dem Zwang seelenloser Tätigkeiten, aus der Sklaverei der Maschine, aus der klaren und kalten Atmosphäre technischer Organisation heraus. Gerade die starken und schöpferischen Begabungen wenden sich von praktischen Problemen und Wissenschaften ab und der reinen Spekulation zu. Okkultismus und Spiritismus, indische Philosophien, metaphysische Grübeleien christlicher oder heidnischer Färbung, die man zur Zeit des Darwinismus verachtete, tauchen wieder auf. Es ist die Stimmung

Roms zur Zeit des Augustus. Aus Lebensüberdruss flüchtet man aus der Zivilisation in primitivere Erdteile, ins Landstreichertum, in den Selbstmord. *Die Flucht der geborenen Führer vor der Maschine beginnt.* Bald werden nur noch Talente zweiten Ranges, Nachzügler einer großen Zeit, verfügbar sein. Jeder große Unternehmer stellt die Abnahme der geistigen Qualitäten des Nachwuchses fest. Aber die großartige technische Entwicklung des 19. Jahrhunderts war *nur* aufgrund des beständig *steigenden* geistigen Niveaus möglich gewesen. Nicht die Abnahme allein, schon der Stillstand ist gefährlich und weist auf ein Ende, mögen noch so viele gut geschulte Hände zur Arbeit bereit sein.

Aber wie steht es *damit*? Die Spannung zwischen Führerarbeit und ausführender Arbeit hat den Grad einer Katastrophe erreicht. Die Bedeutung der ersteren und der wirtschaftliche Wert jeder echten *Persönlichkeit* in ihr ist so groß geworden, dass sie den meisten von unten her nicht mehr sichtbar und verständlich ist. In der andern, der Arbeit der Hände, ist der Einzelne nun *ganz* ohne Bedeutung. Nur die Zahl hat noch Wert. Das Wissen um diese *unabänderliche* Lage, das von egoistischen Rednern und Schreibern gereizt, vergiftet und finanziell ausgebeutet wird, ist so trostlos, dass eine Auflehnung gegen die Rolle, welche *die Maschine*, *nicht deren Besitzer*, den meisten zuweist, menschlich genug ist. Es beginnt in zahllosen Formen, vom Attentat über den Streik bis zum Selbstmord, *die Meuterei der Hände gegen ihr Schicksal*, gegen die Maschine, gegen das organisierte Leben, zuletzt gegen alle und alles. Die Organisation der Arbeit wie sie seit Jahrtausenden im *Begriff des Tuns zu mehreren* liegt, und welche den Unterschied von Führern und Geführten, von Köpfen und Händen zur *Grundlage* hat, wird von unten her aufgelöst. Aber „Masse" ist nur eine Verneinung, und zwar des Begriffes der Organisation, nichts was für sich lebensfähig wäre. Ein Heer ohne Offiziere ist nur ein überflüssiger und verlorener Menschenhaufen. Ein Gewirr von Ziegeltrümmern und Eisenfragmenten ist kein Gebäude mehr. Diese Meuterei rings auf der Erde droht die *Möglichkeit* technisch-wirtschaftlicher Arbeit aufzuheben. Die Führer können fliehen, aber die überflüssig gewordenen Geführten sind verloren. Ihre Zahl bedeutet ihren *Tod.*

Das dritte und schwerste Symptom des beginnenden Zusammenbruchs aber liegt in dem, was ich den *Verrat an der Technik* nennen möchte. Es handelt sich um Dinge, die jeder kennt, die aber nie in dem Zusammenhang gesehen werden, der erst ihren verhängnisvollen Sinn offenbart. Die ungeheure Überlegenheit Westeuropas und Nordamerikas in der zweiten Hälfte des vorigen Jahrhunderts an Macht jeder Art, wirtschaftlicher, politischer, militärischer, finanzieller Macht, beruht auf einem unbestrittenen *Monopol* der Industrie. Große Industrien gab es nur im Zusammenhang mit Kohlenlagern in diesen *nordischen Ländern.* Der Rest der Welt war Absatzgebiet und die Kolonialpolitik wirkte stets in der Richtung der Erschließung neuer Absatz- und Rohstoff-, nicht Produktionsgebiete. Kohle gab es auch anderswo, aber nur der „weiße" Ingenieur hätte sie erschließen können. Wir waren im Alleinbesitz nicht der Stoffe, sondern der *Methoden* und der *Gehirne*, die zu deren Anwendung geschult waren. Darauf beruht die luxuriöse Lebenshaltung des weißen Arbeiters, der im Vergleich zum farbigen* fürstliche Einnahmen besitzt, ein Umstand, den der Marxismus zu seinem Verderben unterschlagen hat. Das rächt sich heute, wo von hier aus das Problem der Arbeitslosigkeit in die Entwicklung geworfen wird. Der Lohn des weißen Arbeiters, heute eine Gefahr für sein *Leben*, beruht in seiner Höhe ausschließlich auf dem Monopol, das die Führer der Industrie um ihn herum aufgerichtet hatten.**

Da beginnt am Ende des Jahrhunderts der blinde Wille zur Macht entscheidende Fehler zu begehen. Statt das technische Wissen geheim zu halten, den größten Schatz, den die „weißen" Völker besaßen, wurde es auf allen Hochschulen, in Wort und Schrift prahlerisch aller Welt dargeboten und man war stolz auf die Bewunderung von Indern und Japanern. Die bekannte „Industriezerstreuung" setzt ein, auch aus der Überlegung, dass man die Produktion dem Abnehmer nähern müsse, um größere Gewinne zu erzielen. Es beginnt statt des Exports ausschließlich von Produkten der Export von Geheimnissen, von Verfahren, Methoden, Ingenieuren und Organisatoren. Selbst Erfinder wandern aus. Der Sozialismus, der sie in sein Joch spannen möchte, *vertreibt* sie. Alle „Farbigen" sahen in das Geheimnis unserer Kraft hinein, begriffen es und nützten es aus. Die Japaner wurden binnen 30 Jahren technische Kenner ersten Ranges und bewiesen

---

* Ich verstehe unter „Farbigen" auch die Bewohner Russlands und eines Teils von Süd- und Südosteuropa.

** Schon die Spannung zwischen dem Lohn eines Knechtes auf dem Land und dem Einkommen eines Metallarbeiters beweist das.

im Krieg gegen Russland eine kriegstechnische Überlegenheit, von welcher ihre Lehrmeister lernen konnten. Heute sind allenthalben, in Ostasien, Indien, Südamerika, Südafrika, Industriegebiete entstanden oder in Bildung begriffen, die infolge ihrer niedrigen Löhne eine tödliche Konkurrenz darstellen. Die unersetzlichen *Vorrechte* der weißen Völker sind verschwendet, verschleudert, verraten worden. Die Gegner haben ihre Vorbilder erreicht, vielleicht mit der Verschmitztheit farbiger Rassen und der überreifen Intelligenz uralter Zivilisationen übertroffen. Wo es Kohle, Erdöl und Wasserkräfte gibt, kann eine neue Waffe gegen das Herz der faustischen Kultur geschmiedet werden. Hier beginnt die Rache der ausgebeuteten Welt gegen ihre Herren. Mit den unzähligen Händen der Farbigen, die ebenso geschickt und viel anspruchsloser arbeiten, wird die Grundlage der weißen wirtschaftlichen Organisation erschüttert. Der *gewohnte* Luxus des weißen Arbeiters gegenüber dem Kuli wird zu seinem Verhängnis. Die weiße Arbeit *selbst* wird überflüssig. Die gewaltigen Massen auf der nordischen Kohle, die Industrieanlagen, das angelegte Kapital, ganze Städte und Landstriche drohen der Konkurrenz zu erliegen. Das Schwergewicht der Produktion verlagert sich unaufhaltsam, nachdem der Weltkrieg auch der Achtung der Farbigen vor dem Weißen ein Ende gemacht hat. *Das* ist der letzte Grund der Arbeitslosigkeit in den weißen Ländern, die keine Krise ist, sondern der *Beginn einer Katastrophe.*

Für die Farbigen aber – die Russen sind hier immer einbegriffen – ist die faustische Technik kein inneres Bedürfnis. Nur der faustische Mensch denkt, fühlt und lebt in ihrer Form. Sie ist ihm *seelisch* nötig, nicht ihre wirtschaftlichen Folgen, sondern ihre *Siege*: *navigare necesse est, vivere non est necesse.* Für „Farbige“ ist sie nur eine Waffe im Kampf gegen die faustische Zivilisation, eine Waffe wie ein Baumast im Wald, den man fortwirft, wenn er seinen Zweck erfüllt hat. Diese Maschinentechnik ist mit dem faustischen Menschen zu Ende und wird eines Tages zertrümmert und *vergessen* sein – Eisenbahnen und Dampfschiffe so gut wie einst die Römerstraßen und die chinesische Mauer, unsere Riesenstädte mit ihren Wolkenkratzern ebenso wie die Paläste des alten Memphis und Babylon. Die Geschichte dieser Technik nähert sich schnell dem unausweichlichen Ende. Sie wird von innen her verzehrt werden wie alle großen Formen irgendeiner Kultur. Wann und in welcher Weise wissen wir nicht.

Angesichts dieses Schicksals gibt es nur eine Weltanschauung, die unser würdig ist, die schon genannte des Achill: „Lieber ein kurzes Leben voll Taten und Ruhm als ein langes ohne Inhalt.“ Die Gefahr ist so groß geworden, für jeden Einzelnen, jede Schicht, jedes Volk, dass es kläglich ist, sich etwas vorzulügen. Die Zeit lässt sich nicht anhalten, es gibt keine weise Umkehr, keinen klugen Verzicht. Nur Träumer glauben an Auswege. Optimismus ist *Feigheit.* Wir sind in diese Zeit geboren und müssen tapfer den Weg zu Ende gehen, der uns bestimmt ist. Es gibt keinen andern. Auf dem verlorenen Posten ausharren ohne Hoffnung, ohne Rettung, ist Pflicht. Ausharren wie jener römische Soldat, dessen Gebeine man vor einem Tor in Pompeji gefunden hat, der starb, weil man beim Ausbruch des Vesuv vergessen hatte, ihn abzulösen. Das ist Größe, das heißt Rasse haben. Dieses ehrliche Ende ist das einzige, das man dem Menschen nicht nehmen kann.

ANTIKE UND ABENDLÄNDISCHE TRAGIK

Zur Form der Seele

1

Jeder Philosoph von Beruf ist gezwungen, ohne ernstliche Nachprüfung an das Dasein eines Etwas zu glauben, das sich in seinem Sinne verstandesmäßig behandeln lässt, denn seine ganze geistige Existenz hängt von dieser Möglichkeit ab. Es gibt deshalb für jeden noch so skeptischen Logiker und Psychologen einen Punkt, an welchem die Kritik schweigt und der Glaube beginnt, wo selbst der strengste Analytiker aufhört, seine Methode – gegen sich selbst nämlich und auf die Frage der Lösbarkeit, selbst des Vorhandenseins seiner Aufgabe – anzuwenden. Den Satz: Es ist möglich, durch das Denken die Formen des Denkens festzustellen, hat Kant nicht bezweifelt, so zweifelhaft er dem Nichtphilosophen erscheinen mag. Den Satz: Es gibt eine Seele, deren Struktur wissenschaftlich zugänglich ist – was ich durch kritische Zerlegung bewusster Daseinsakte in Gestalt von psychischen „Elementen", „Funktionen", „Komplexen" feststelle, das ist meine Seele – hat noch kein Psychologe bezweifelt. Gleichwohl hätten die stärksten Zweifel sich hier einstellen sollen. Ist eine abstrakte Wissenschaft vom Seelischen überhaupt möglich? Ist, was man auf diesem Weg findet, identisch mit dem, was man sucht? Warum ist alle Psychologie, nicht als Menschenkenntnis und Lebenserfahrung, sondern als Wissenschaft genommen, von jeher die flachste und wertloseste aller philosophischen Disziplinen geblieben, in ihrer völligen Leerheit ausschließlich der Jagdgrund mittelmäßiger Köpfe und unfruchtbarer Systematiker? Der Grund ist leicht zu finden. Die „empirische“ Psychologie hat das Unglück, nicht einmal ein Objekt im Sinne irgendeiner wissenschaftlichen Technik zu besitzen. Ihr Suchen und Lösen von Problemen ist ein Kampf mit Schatten und Gespenstern. Was ist das – Seele? Könnte der bloße Verstand eine Antwort geben, so wäre die Wissenschaft bereits überflüssig.

Keiner der tausend Psychologen unserer Tage hat eine wirkliche Analyse oder Definition „des“ Willens, der Reue, der Angst, der Eifersucht, der Laune, der künstlerischen Intuition geben können. Natürlich nicht, denn man zergliedert nur Systematisches und man definiert nur Begriffe durch Begriffe. Alle Feinheiten des geistigen Spiels mit begrifflichen Distinktionen, alle vermeintlichen Beobachtungen vom Zusammenhang sinnlich-körperlicher Befunde mit „inneren Vorgängen“ berühren nichts von dem, was hier in Frage steht. Wille – das ist kein Begriff, sondern ein Name, ein Urwort wie Gott, ein Zeichen für etwas, dessen wir innerlich unmittelbar gewiss sind, ohne es jemals beschreiben zu können.

Dasjenige, was hier gemeint ist, bleibt der gelehrten Forschung für immer unzugänglich. Nicht umsonst warnt jede Sprache mit ihren tausendfach sich verwirrenden Bezeichnungen davor, Seelisches theoretisch aufteilen, es systematisch ordnen zu wollen. Hier ist nichts zu ordnen. Kritische – „scheidende“ – Methoden beziehen sich allein auf die Welt als Natur. Eher ließe sich ein Thema von Beethoven mit Seziermesser oder Säure zerlegen als die Seele durch Mittel des abstrakten Denkens. Naturerkenntnis und Menschenkenntnis haben in Ziel, Weg und Methode nichts gemein. Der Urmensch erlebt „die Seele“ zuerst in anderen Menschen und dann auch in sich als numen, wie er numina in der Außenwelt kennt, und er legt seine Eindrücke in mythischer Weise aus. Die Worte dafür sind Symbole, Klänge, die dem Verstehenden etwas Unbeschreibliches bedeuten. Sie rufen Bilder herauf, *Gleichnisse*, und in einer anderen Sprache haben wir auch heute noch nicht gelernt, uns über Seelisches mitzuteilen. Rembrandt kann denen, die ihm innerlich verwandt sind, durch ein Selbstbildnis oder eine Landschaft etwas von seiner Seele verraten und Goethe gab es ein Gott zu sagen, was er leide. Man kann von gewissen Seelenregungen, die in Worte nicht zu fassen sind, anderen ein Gefühl durch einen Blick, ein paar Takte einer Melodie, eine kaum merkliche Bewegung vermitteln. Das ist die wahre Sprache von Seelen, die Fernstehenden unverständlich bleibt. Das Wort als Laut, als poetisches Element, kann hier die Beziehung herstellen, das Wort als Begriff, als Element wissenschaftlicher Prosa, nie.

„Die Seele“ ist für den Menschen, sobald er nicht nur lebt und fühlt, sondern aufmerksam wird und beobachtet, ein Bild, das aus ganz ursprünglichen Erfahrungen von Tod und Leben stammt. Es ist so alt, wie das durch die Wortsprachen vom Sehen abgelöste und ihm folgende Nach-denken überhaupt. Die Umwelt sehen wir; da jedes freibewegliche Wesen sie auch verstehen muss, um nicht unterzugehen, so entwickelt sich aus der täglichen kleinen, technischen, tastenden Erfahrung ein Inbegriff bleibender Merkmale, der sich für den wortgewohnten

Menschen zu einem *Bild des Verstandenen* zusammenschließt, der Welt als Natur. Was nicht äußere Welt ist, sehen wir nicht, aber wir spüren seine Gegenwart, in anderen und in uns selbst. „Es" weckt durch seine Art, sich physiognomisch bemerkbar zu machen, Angst und Wissbegier und so entsteht das nachdenkliche *Bild einer Gegenwelt*, durch das wir uns vorstellen, sichtbar vor uns hinstellen, was dem Auge selbst ewig fremd bleibt. Das Bild der Seele ist mythisch und Gegenstand von Seelenkulten, solange das Bild der Natur religiös erschaut wird, es verwandelt sich in eine wissenschaftliche Vorstellung und wird der Gegenstand gelehrter Kritik, sobald man „die Natur" kritisch beobachtet. Wie „die Zeit" ein Gegenbegriff zum Raum, so ist „die Seele" eine Gegenwelt zur „Natur" und von deren Auffassung in jedem Augenblick mitbestimmt. Es war gezeigt worden, wie „die Zeit" aus dem Gefühl der Richtung des ewig bewegten Lebens, aus der inneren Gewissheit eines Schicksals heraus als gedankliches *Negativ* zu einer positiven Größe entstand, als Inkarnation dessen, was *nicht Ausdehnung* ist und dass sämtliche „Eigenschaften" der Zeit, durch deren abstrakte Zerlegung die Philosophen das Zeitproblem lösen zu können glauben, als Umkehrung der Eigenschaften des Raumes im Geiste allmählich gebildet und geordnet worden sind. Genau auf demselben Weg ist die Vorstellung vom Seelischen als Umkehrung und *Negativ der Weltvorstellung* unter Zuhilfenahme der räumlichen Polarität „außen–innen" und durch entsprechende Umdeutung der Merkmale entstanden. *Jede Psychologie ist eine Gegenphysik.*

Ein „exaktes Wissen" von der ewig geheimnisvollen Seele erhalten zu wollen, ist sinnlos. Aber der späte städtische Trieb, abstrakt zu denken, zwingt den „Physiker der inneren Welt“ gleichwohl dazu, eine Scheinwelt von Vorstellungen durch immer neue Vorstellungen, Begriffe durch Begriffe zu erklären. Er denkt das Nichtausgedehnte in Ausgedehntes um, er erbaut als Ursache dessen, was nur physiognomisch in Erscheinung tritt, ein System und in diesem glaubt er, die Struktur „der Seele“ vor Augen zu haben. Aber schon die Worte, welche in allen Kulturen gewählt werden, um diese Ergebnisse gelehrter Arbeit mitzuteilen, verraten alles. Da ist von Funktionen, Gefühlskomplexen, Triebfedern, Bewusstseinsschwellen, von Verlauf, Breite, Intensität, Parallelismus der seelischen Prozesse die Rede. Aber alle diese Worte, stammen aus der Vorstellungsweise der Naturwissenschaft. „Der Wille bezieht sich auf Gegenstände“ – das ist doch ein Raumbild. Bewusstes und Unbewusstes – da liegt allzu deutlich das Schema von überirdisch und unterirdisch zugrunde. In den modernen Theorien des Willens wird man die ganze Formensprache der Elektrodynamik finden. Wir reden von Willensfunktionen und Denkfunktionen in genau demselben Sinne wie von der Funktion eines Kräftesystems. Ein Gefühl analysieren heißt, ein raumartiges Schattenbild an seiner Stelle mathematisch behandeln, es abgrenzen, teilen und messen. Jede Seelenforschung dieses Stils, sie mag sich über Gehirnanatomie noch so erhaben dünken, ist voll von mechanischen Lokalisationen und bedient sich, ohne es zu bemerken, eines eingebildeten Koordinatensystems in einem eingebildeten Seelenraum. Der „reine“ Psychologe merkt gar nicht, dass er den Physiker kopiert. Kein Wunder, dass sein Verfahren mit den albernsten Methoden der experimentellen Psychologie so verzweifelt gut übereinstimmt. Gehirnbahnen und Assoziationsfasern entsprechen der Vorstellungsweise nach durchaus dem optischen Schema: „Willens-" oder „Gefühlsverlauf" – sie behandeln beide verwandte, nämlich *räumliche* Phantome. Es ist kein großer Unterschied, ob ich ein psychisches Vermögen begrifflich oder eine entsprechende Region der Großhirnrinde graphisch abgrenze. Die wissenschaftliche Psychologie hat ein geschlossenes System von Bildern herausgearbeitet und bewegt sich mit vollkommener Selbstverständlichkeit in ihm. Man prüfe jede einzelne Aussage jedes einzelnen Psychologen und man wird nur Variationen dieses Systems im Stil der jeweiligen Außenwelt finden.

Das klare, vom Sehen abgezogene Denken setzt den Geist einer Kultursprache als Mittel voraus, das, vom Seelentum einer Kultur als Teil und Träger ihres Ausdrucks geschaffen,* nun eine „Natur" der Wortbedeutungen, einen sprachlichen Kosmos bildet, innerhalb dessen die abstrakten Begriffe, Urteile, Schlüsse – Abbilder von Zahl, Kausalität, Bewegung – ihr mechanisch bestimmtes Dasein führen. Das jeweilige Bild der Seele ist also *vom Wortgebrauch und dessen tiefer Symbolik* abhängig. Die abendländischen – faustischen – Kultursprachen besitzen sämtlich

* Ursprachen bilden keine Unterlage für abstrakte Gedankengänge. Am Anfang jeder Kultur erfolgt aber eine innere Wandlung der vorhandenen Sprachkörper, die sie zu den höchsten symbolischen Aufgaben der Kulturentwicklung fähig macht. So entstehen *zugleich mit dem romanischen Stil* das Deutsche und Englische aus den germanischen Sprachen der Frankenzeit und das Französische, Italienische, Spanische aus der *lingua rustica* der ehemaligen Römerprovinzen, trotz so verschiedener Herkunft Sprachen von *identischem* metaphysischen Gehalt.

den Begriff „Wille“ – eine mythische Größe, die gleichzeitig durch die Umbildung des Verbums versinnbildlicht wird, die einen entscheidenden Gegensatz zum antiken Sprachgebrauch und also Seelenbild schafft. *Ego habeo factum* statt *feci* – da erscheint ein numen der inneren Welt. Mithin erscheint, von der Sprache bestimmt, im wissenschaftlichen Seelenbild aller abendländischen Psychologien die Gestalt des Willens als ein wohlumgrenztes Vermögen, das man in den einzelnen Schulen wohl verschieden bestimmt, dessen Vorhandensein an sich aber keiner Kritik unterworfen ist.

2

Ich behaupte also, dass die gelehrte Psychologie, weit entfernt, das Wesen der Seele aufzudecken oder auch nur zu berühren – es ist hinzuzufügen, dass jeder von uns, ohne es zu wissen, Psychologie dieser Art treibt, wenn er sich eigene oder fremde Seelenregungen „vorzustellen" sucht –, zu allen Symbolen, die den Makrokosmos des Kulturmenschen bilden, ein weiteres hinzufügt. Wie alles Vollendete, nicht sich Vollendende, stellt es einen *Mechanismus* anstelle eines *Organismus* dar. Man vermisst im Bild, was unser Lebensgefühl erfüllt und was doch gerade „Seele" sein sollte: das Schicksalhafte, die wahllose Richtung des Daseins, das Mögliche, welches das Leben in seinem Ablauf verwirklicht. Ich glaube nicht, dass in irgendeinem psychologischen System das Wort Schicksal vorkommt, und man weiß, dass nichts in der Welt weiter von wirklicher Lebenserfahrung und Menschenkenntnis entfernt ist als ein solches System. Assoziationen, Apperzeptionen, Affekte, Triebfedern, Denken, Fühlen, Wollen – alles das sind tote Mechanismen, deren Topographie den belanglosen Inhalt der Seelenwissenschaft bildet. Man wollte das Leben finden und traf auf eine Ornamentik von Begriffen. Die Seele blieb, was sie war, das was weder gedacht noch vorgestellt werden kann, das, Geheimnis, das ewig Werdende, das reine Erlebnis.

Dieser *imaginäre Seelenkörper* – das sei hier zum ersten Mal ausgesprochen – ist niemals etwas anderes als das getreue Spiegelbild der Gestalt, in welcher der gereifte Kulturmensch seine äußere Welt erblickt. Das Tiefenerlebnis verwirklicht hier wie dort die ausgedehnte Welt. Das mit dem Urwort Zeit angedeutete Geheimnis schafft aus dem Empfinden des Außen wie aus dem Vorstellen des Innen den Raum. Auch das Seelenbild hat seine Tiefenrichtung, seinen Horizont, seine Begrenztheit oder Unendlichkeit. Ein „inneres Auge" sieht, ein „inneres Ohr" hört. Es gibt eine deutliche Vorstellung einer inneren Ordnung, die wie die äußere das Merkmal *kausaler Notwendigkeit* trägt.

Und damit ergibt sich nach allem, was in diesem Buch über die Erscheinung der hohen Kulturen gesagt worden ist, eine ungeheure Erweiterung und Bereicherung der Seelenforschung. Alles, was von Psychologen heute gesagt und geschrieben wird – es ist nicht allein von systematischer Wissenschaft, sondern auch von physiognomischer Menschenkenntnis im weitesten Sinne die Rede –, bezieht sich auf den gegenwärtigen Zustand der abendländischen Seele, während die bisher selbstverständliche Meinung, diese Erfahrungen seien für die „menschliche Seele" überhaupt gültig, ohne Prüfung hingenommen worden ist.

Ein Seelenbild ist immer nur das Bild einer ganz bestimmten Seele. Kein Beobachter wird je aus den Bedingungen seiner Zeit und seines Kreises heraustreten und was er auch „erkennen" möge, jede dieser Erkenntnisse ist bereits ein Ausdruck seiner eigenen Seele, nach Auswahl, Richtung und innerer Form. Schon der primitive Mensch legt sich aus Tatsachen *seines* Lebens ein Seelenbild zurecht, wobei die Urerfahrungen des Wachseins:

der Unterschied von Ich und Welt, von Ich und Du, und die des Daseins: der Unterschied von Leib und Seele, von Sinnenleben und Nachdenken, von Geschlechtsleben und Empfindung gestaltend wirken. Weil es nachdenkliche Menschen sind, die darüber denken, so wird immer ein inneres *numen*: Geist, Logos, Ka, Ruach zum übrigen in Gegensatz gerückt. Wie aber Einteilung und Verhältnis im Einzelnen liegen und wie man sich die seelischen Elemente vorstellt, als Schichten, Kräfte, Substanzen, als Einheit, Polarität oder Vielheit, das kennzeichnet den Nachdenkenden schon als Glied einer bestimmten Kultur. Und glaubt jemand das Seelische fremder Kulturen aus seinen Wirkungen zu erkennen, so unterlegt er ihm das eigene Bild. Er assimiliert die neuen Erfahrungen einem *vorhandenen* System und es ist kein Wunder, wenn er endlich ewige Formen entdeckt zu haben glaubt.

In der Tat besitzt jede Kultur ihre eigene systematische Psychologie, so wie sie ihren eigenen Stil von Menschenkenntnis und Lebenserfahrung besitzt. Und wie selbst jede einzelne Stufe, das Zeitalter der Scholastik, das der Sophistik, das der Aufklärung ein Zahlenbild, Denkbild und Naturbild entwirft, das nur für sie passt, so spiegelt sich endlich jedes Jahrhundert in einem eigenen Seelenbilde. Der beste Menschenkenner Westeuropas irrt sich, wenn er einen Araber oder Japaner zu verstehen sucht und umgekehrt. Aber ebenso irrt der Gelehrte, wenn er die Grundworte der arabischen oder griechischen Systeme mit den eigenen übersetzt. *Nephesch* ist nicht *animus*, und *âtmân* ist nicht Seele. Was wir unter der Bezeichnung Wille überall entdecken, fand der antike Mensch in seinem Seelenbild *nicht*.

Nach allem wird man über die hohe Bedeutung der einzelnen, in der Weltgeschichte des Denkens auftauchenden Seelenbilder nicht mehr im Zweifel sein. Der antike – apollinische, dem punktförmigen, euklidischen Sein hingegebene – Mensch blickte auf seine Seele wie auf einen zur Gruppe schöner Teile geordneten Kosmos. Platon nannte sie νοῦς, θυμός, ἐπιθυμία und verglich sie mit Mensch, Tier und Pflanze, einmal sogar mit dem südlichen, nördlichen und hellenischen Menschen. Was hier nachgebildet erscheint, ist die Natur, wie sie sich vor den Blicken antiker Menschen entfaltet: eine wohlgeordnete Summe greifbarer Dinge, denen gegenüber der Raum als das Nichtseiende empfunden wird. Wo findet sich in diesem Bild der „Wille"? *Wo* die Vorstellung funktionaler Zusammenhänge? *Wo* sind die übrigen Schöpfungen *unserer* Psychologie? Glaubt man, dass Platon und Aristoteles sich auf die Analyse schlechter verstanden haben und etwas nicht sahen, was sich bei uns jedem Laien aufdrängt? Oder fehlt hier der Wille, weil in der antiken Mathematik der Raum, in der antiken Physik die Kraft fehlt?

Dagegen nehme man unter den abendländischen Psychologien, welche man will. Man wird immer eine *funktionale*, nie eine körperhafte Ordnung finden – y = f (x), das ist die Urgestalt aller Eindrücke, die wir von unserm Inneren empfangen, *weil* sie unserer Außenwelt zugrunde liegt. Denken, Fühlen, Wollen – aus dieser Dreiheit kommt kein westeuropäischer Psychologe heraus, so gern er möchte, aber schon der Streit der gotischen Denker um den Primat des Willens oder der Vernunft lehrt, dass man hier eine Beziehung zwischen *Kräften* erblickt – ob diese Lehren als eigene Erkenntnis vorgetragen oder aus Augustinus und Aristoteles herausgelesen werden, ist ganz bedeutungslos. Assoziationen, Apperzeptionen, Willensvorgänge und wie die Bildelemente sonst heißen mögen, sind ohne Ausnahme vom Typus mathematisch-physikalischer Funktionen und der Form nach gänzlich unantik. Da es sich nicht um physiognomisch zu deutende Lebenszüge, sondern um „die Seele" als Objekt handelt, so ist die Verlegenheit der Psychologen wiederum das Bewegungsproblem. Es gibt für die Antike auch ein *inneres Eleatenproblem* und in dem scholastischen Streit um den funktionalen Vorrang von Vernunft oder Wille kündigt sich die gefährliche Schwäche der Barockphysik an, zwischen Kraft und Bewegung ein zweifelsfreies Verhältnis nicht finden zu können. Die Richtungsenergie wird im antiken und indischen Seelenbild verneint – da ist alles gelagert und gerundet –, im faustischen und ägyptischen bejaht – es gibt da Wirkungskomplexe und Kraftmitten –, aber eben um dieses zeithaften Gehalts willen gerät das zeitfremde Denken mit sich selbst in Widerspruch.

Das faustische und das apollinische Seelenbild stehen einander schroff gegenüber. Alle früheren Gegensätze tauchen wieder auf. Man darf die imaginäre Einheit hier als *Seelenkörper*, dort als *Seelenraum* bezeichnen. Der Körper besitzt Teile, im Raum verlaufen Prozesse. Der antike Mensch empfindet seine Innenwelt plastisch. Das verrät schon der Sprachgebrauch bei Homer, in dem vielleicht uralte Tempellehren durchschimmern, darunter die von den Seelen im Hades, die ein wohl erkennbares Abbild des Körpers sind. So sieht sie auch die vorsokratische Philosophie. Ihre drei schön geordneten Teile – λογιστικόν, ἐπιθυμητικόν, θυμοειδές– erinnern an die Gruppe des Laokoon. Wir stehen unter einem musikalischen Eindruck: die Sonate des inneren Lebens hat den Willen als Hauptthema, Denken und Fühlen sind die Nebenthemen, der Satz unterliegt den strengen Regeln eines seelischen Kontrapunkts, die zu finden Aufgabe der Psychologie ist. Die einfachsten Elemente unterscheiden sich wie antike und abendländische Zahlen: dort sind sie Größen, hier Beziehungen. Der *seelischen Statik* des apollinischen Daseins – dem stereometrischen Ideal der σωφροσύνη und ἀταραξία – steht die *Seelendynamik* des faustischen gegenüber.

Das apollinische Seelenbild – Platons Zweigespann mit dem νοῦς als Lenker – verflüchtigt sich sofort mit der Annäherung an das magische Seelentum der arabischen Kultur. Es verblasst schon in der späteren Stoa, deren Schulhäupter vorwiegend aus dem aramäischen Osten stammten. In der frühen Kaiserzeit ist es selbst in der stadtrömischen Literatur nur noch als Reminiszenz anzutreffen.

Das magische Seelenbild trägt die Züge eines strengen *Dualismus zweier rätselhafter Substanzen, Geist und Seele.* Zwischen ihnen herrscht weder das antike, statische noch das abendländische, funktionale Verhältnis, sondern ein völlig anders gestaltetes, das sich eben nur als magisch bezeichnen lässt. Man denke im Gegensatz zur Physik Demokrits und zu der Galileis an die Alchemie und den Stein der Weisen. Dies spezifisch morgenländische Seelenbild liegt mit innerer Notwendigkeit allen psychologischen, vor allem auch theologischen Betrachtungen zugrunde, welche die „gotische“ Frühzeit der arabischen Kultur (0–300) erfüllen. Das Johannesevangelium zählt nicht weniger dazu wie die Schriften der Gnostiker und Kirchenväter, der Neuplatoniker und Manichäer, die dogmatischen Texte in Talmud und Awesta und die sich ganz religiös äußernde Altersstimmung des *Imperium Romanum*, die das wenige Lebendige in ihrem Philosophieren dem jungen Orient, Syrien und Persien entnahm. Schon der große Poseidonios, trotz der antiken Außenseite seines ungeheuren Wissens ein echter Semit und von früharabischem Geist, empfand im innerlichsten Gegensatz zum apollinischen Lebensgefühl diese magische Struktur der Seele als die wahre. Eine den Leib durchdringende Substanz befindet sich in deutlichem Wertunterschied gegen eine zweite, die sich aus der Welthöhle in die Menschheit herablässt, abstrakt, göttlich, auf welcher der Consensus aller an ihr Teilhabenden beruht. Dieser „Geist" ist es, der die höhere Welt hervorruft, durch deren Erzeugung er über das bloße Leben, das „Fleisch", die Natur triumphiert. Es ist dies das Urbild, das, bald religiös, bald philosophisch, bald künstlerisch gefasst – ich erinnere an das Porträt der konstantinischen Zeit mit den starr ins Unendliche blickenden Augen; dieser Blick repräsentiert das πνεῦμα –, allem Ichgefühl zugrunde liegt. Plotin und Origenes haben so empfunden. Paulus unterscheidet (z.B. 1 Kor 15,44) zwischen σῶμα ψυχικόν und σῶμα πνευματικόν. Der Gnosis war die Vorstellung einer doppelten, leiblichen oder geistigen Ekstase und die Einteilung der Menschen in niedere und höhere, Psychiker und Pneumatiker, geläufig. Plutarch hat die in der spätantiken Literatur verbreitete Psychologie, den Dualismus von νοῦς und ψνχή, orientalischen Vorbildern nachgeschrieben. Man setzte ihn alsbald zu dem Gegensatz von christlich und heidnisch, Geist und Natur in Beziehung, aus dem dann das noch heute nicht überwundene Schema der Weltgeschichte als eines Dramas der Menschheit zwischen Schöpfung und Jüngstem Gericht, mit einem Eingreifen Gottes als Mitte, bei Gnostikern, Christen, Persern und Juden hervorgegangen ist.

Seine streng wissenschaftliche Vollendung erfährt das magische Seelenbild in den Schulen von Bagdad und Basra. Alfarabi und Alkindi* haben die verwickelten und uns wenig zugänglichen Probleme dieser magischen Psychologie eingehend behandelt. Ihr Einfluss auf die junge, ganz abstrakte Seelenlehre (*nicht* das Ichgefühl) des Abendlandes darf nicht unterschätzt werden. Scholastische und mystische Psychologie haben vom maurischen Spanien, Sizilien und Orient ebenso viel Formelemente empfangen wie die gotische Kunst. Man vergesse nicht, dass das Arabertum die Kultur der gestifteten Offenbarungsreligionen ist, die sämtlich ein dualistisches Seelenbild voraussetzen. Man denke an die Kabbala und den Anteil jüdischer Philosophen an der sogenannten Philosophie des Mittelalters, d.h. zuerst des späten Arabertums und dann der frühen Gotik. Ich nenne nur ein merkwürdiges, kaum beachtetes Beispiel, das letzte: Spinoza.** Aus dem Ghetto stammend ist er, neben seinem Zeitgenossen Schirazi, der letzte verspätete Vertreter des magischen und ein Fremder in der Formenwelt des faustischen Welt-

* De Boer, „Geschichte der Philosophie im Islam" (1901), S. 93 u. 108.

** Windelband, „Geschichte der neueren Philosophie" (1919) I, S. 208 und bei Hinneberg, „Kultur der Gegenwart" I, V (1913), S. 484.

gefühls. Er hat als kluger Schüler der Barockzeit seinem System die Farbe abendländischen Denkens zu geben gewusst; in der Tiefe steht er völlig unter dem Aspekt des arabischen Dualismus zweier Seelensubstanzen. *Dies ist der wahre, innere Grund, weshalb ihm der Kraftbegriff Galileis und Descartes' fehlt.* Dieser Begriff ist der Schwerpunkt eines dynamischen Universums und damit dem magischen Weltgefühl fremd. Zwischen der Idee vom Stein der Weisen – die in Spinozas Idee der Gottheit als *causa sui* versteckt liegt – und der kausalen Notwendigkeit *unseres* Naturbildes gibt es keine Vermittlung. Deshalb ist sein Willensdeterminismus genau der, welcher von der Orthodoxie in Bagdad verteidigt wurde – „Kismet" – und dort hat man die Heimat des Verfahrens „*more geometrico*" zu suchen, das dem Talmud, Awesta und dem arabischen Kalaam gemeinsam ist, in Spinozas Ethik aber innerhalb unserer Philosophie ein groteskes Unikum bildet.

Noch einmal hat dann die deutsche Romantik dies magische Seelenbild flüchtig heraufbeschworen. Man fand an Magie und den krausen Gedankengängen gotischer Philosophen den gleichen Geschmack wie an den Kreuzzugsidealen der Klöster und Ritterburgen und vor allem auch an sarazenischer Kunst und Poesie, ohne von diesen entlegenen Dingen eben viel zu verstehen. Schelling, Oken, Baader, Görres und ihr Kreis gefielen sich in unfruchtbaren Spekulationen in arabisch-jüdischem Stil, die man mit deutlichem Behagen als dunkel, als „tief" empfand, was sie für die Orientalen *nicht* gewesen waren, die man wohl zum Teil selbst nicht begriff und von denen man hoffte, dass sie auch vom Hörer nicht ganz begriffen werden würden. Bemerkenswert ist an dieser Episode nur der Reiz des Dunklen, den diese Gedankenkreise ausübten. Man darf den Schluss wagen, dass die klarsten und zugänglichsten Fassungen faustischer Gedanken, wie man sie etwa bei Descartes und in den „Prolegomena" von Kant findet, auf einen arabischen Metaphysiker denselben Eindruck des Nebelhaften und Abstrusen gemacht haben würden. Was für uns wahr ist, ist für sie falsch und umgekehrt: das gilt vom Seelenbild der einzelnen Kulturen wie von jedem anderen Ergebnis wissenschaftlichen Nachdenkens.

3

Die Zukunft wird sich an die schwierige Aufgabe wagen müssen, in der Weltanschauung und Philosophie gotischen Stils die gleiche Sonderung der letzten Elemente vorzunehmen wie in der Ornamentik der Kathedralen und in der primitiven damaligen Malerei, die zwischen dem flachen Goldgrund und weiträumigen landschaftlichen Hintergründen – der magischen und der faustischen Art, Gott in der Natur zu sehen – noch keine Entscheidung zu treffen wagt. Es vermischen sich im frühen Seelenbild, wie es in dieser Philosophie zum Vorschein kommt, in zaghafter Unreife die Züge christlich-arabischer Metaphysik, des Dualismus von Geist und Seele, mit nordischen Ahnungen von funktionalen Seelenkräften, die man sich noch nicht eingesteht. Dieser Zwiespalt liegt dem Streit um den Primat des Willens oder der Vernunft zugrunde, dem *Grundproblem der gotischen Philosophie*, das man bald im alten arabischen, bald im neuen abendländischen Sinne zu lösen sucht. Es ist derselbe begriffliche Mythus, welcher in stets sich ändernder Fassung den Gang unserer gesamten Philosophie bestimmt hat und diese von jeder anderen scharf unterscheidet. Der Rationalismus des späten Barock hat sich, mit dem ganzen Stolz des seiner selbst sicher gewordenen städtischen Geistes, für die größere Macht der Göttin Vernunft entschieden, bei Kant und bei den Jakobinern. Aber schon das 19. Jahrhundert hat, vor allem in Nietzsche, wieder die stärkere Formel gewählt: *voluntas superior intellectu*, die uns allen im Blute liegt.* Schopenhauer, der letzte große Systematiker, hat das auf die Formel „Die Welt als Wille und Vorstellung" gebracht und nicht seine Metaphysik, nur seine Ethik ist es, die *gegen* den Willen entscheidet.

Hier tritt der geheimste Grund und Sinn alles Philosophierens innerhalb einer Kultur unmittelbar zutage. Denn es ist die *faustische Seele*, die in vielhundertjährigem Mühen ein *Selbstbildnis* zu zeichnen versucht, ein Bild, das zugleich mit dem Bild der Welt einen tiefgefühlten Einklang aufweist. Die gotische Weltanschauung mit ihrem Ringen zwischen Vernunft und Wille ist in der Tat ein Ausdruck des *Lebensgefühls* jener Menschen der Kreuzzüge, der Staufenzeit und der großen Dombauten. *Man sah die Seele so, weil man so war.*

Wollen und Denken im Seelenbild – das ist Richtung und Ausdehnung, Geschichte und Natur, Schicksal und Kausalität im Bild der äußeren Welt. Dass unser Ursymbol die unendliche Ausgedehntheit ist, tritt in diesen Grundzügen beider Aspekte zutage. Der Wille knüpft die Zukunft an die Gegenwart, das Denken das Grenzenlose an das Hier. *Die historische Zukunft ist die werdende, der unendliche Welthorizont die gewordene Ferne*: dies ist der Sinn des faustischen Tiefenerlebnisses. Das Richtungsgefühl wird als „Wille",

---

* Wenn deshalb auch in diesem Buch Zeit, Richtung und Schicksal den Vorrang vor Raum und Kausalität erhalten, so sind es nicht Beweise des Verstandes, welche die Überzeugung herbeiführten, sondern – ganz unbewusst – Tendenzen des Lebensgefühls, welche sich *Beweise verschafften*. Eine andere Art der Entstehung philosophischer Gedanken gibt es nicht.

das Raumgefühl als „Verstand“ wesenhaft, beinahe mythisch vorgestellt: so entsteht das Bild, welches unsere Psychologen mit Notwendigkeit aus dem Innenleben abstrahieren.

Dass die faustische Kultur Willenskultur ist, ist nur ein anderer Ausdruck für die eminent historische Veranlagung ihrer Seele. Das „Ich“ im Sprachgebrauch – *ego habeo factum* –, der *dynamische* Satzbau also gibt durchaus den Stil des Handelns wieder, welcher aus dieser Anlage folgt und mit seiner Richtungsenergie nicht nur das Bild der „Welt als Geschichte“, sondern unsere Geschichte selbst beherrscht. Dieses „Ich“ steigt in der gotischen Architektur empor, die Turmspitzen und Strebepfeiler sind „Ich“ *und deshalb ist die gesamte faustische Ethik ein „Empor“*: Vervollkommnung des Ich, sittliche Arbeit am Ich, Rechtfertigung des Ich durch Glauben und gute Werke, Achtung des Du im Nächsten um des eignen Ich und seiner Seligkeit willen, von Thomas von Aquin bis zu Kant, und endlich das Höchste: Unsterblichkeit des Ich.

Es ist genau das, was der echte Russe als eitel empfindet und verachtet. Die russische, willenlose Seele, deren Ursymbol die unendliche Ebene ist, sucht in der Brüderwelt, der horizontalen, dienend, *namenlos*, sich verlierend aufzugehen. Von sich aus an den Nächsten denken, sich durch Nächstenliebe sittlich zu heben, für sich büßen wollen ist ihr ein Zeichen westlicher Eitelkeit und frevelhaft wie das In-den-Himmel-dringen-Wollen unserer Dome im Gegensatz zur kuppelbesetzten Dachebene russischer Kirchen. Tolstois Held Nechludow pflegt sein sittliches Ich wie seine Nägel – eben deshalb gehört Tolstoi der Pseudomorphose des Petrinismus an. Raskolnikow ist nur irgendetwas in einem „Wir". Seine Schuld ist die Schuld aller. Auch nur seine Sünde als etwas Eignes zu betrachten ist Hochmut und Eitelkeit. Etwas davon liegt auch dem magischen Seelenbild zugrunde. „Wenn jemand zu mir kommt", sagt Jesus (Lk 14,26), „und hasst nicht Vater, Mutter, Weib, Kinder, Brüder, Schwestern, *vor allem aber sein eignes Ich* (τὴν ἑαυτοῦ ψυχήν), so kann er nicht mein Jünger sein." Aus diesem Gefühl heraus nennt er sich ein Menschenkind.* Auch der Consensus der Rechtgläubigen ist unpersönlich und verdammt das „Ich" als Sünde und ebenso der – echt russische – Begriff der Wahrheit als der namenlosen Übereinstimmung der Berufenen.

Der antike Mensch, ganz der Gegenwart gehörend, ist ebenfalls ohne die unser Welt- und Seelenbild beherrschende, alle Sinneseindrücke im Zug zur Ferne, alle inneren Erlebnisse im Sinn der Zukunft sammelnde Richtungsenergie. Er ist „willenlos". Darüber lässt die antike Schicksalsidee keinen Zweifel, noch weniger das Symbol der dorischen Säule. Wenn der Widerstreit zwischen Denken und Wollen das geheime Thema aller bedeutenden Bildnisse von Jan van Eyck bis zu Marées ist, so kann das antike Bildnis nichts davon haben, denn im antiken Seelenbild stehen neben dem Denken (νοῦς), dem inneren Zeus, die ahistorischen Einheiten der animalischen und vegetativen Triebe (θυμός und ἐπιθυμία), ganz somatisch, ganz ohne bewussten Zug und Drang zu einem Ziel.

---

* „Des Menschen Sohn" ist eine irreführende Übersetzung von *barnasha*: nicht das Sohnesverhältnis, sondern das unpersönliche Aufgehen in der Menschenebene liegt zugrunde.

Wie man das faustische Prinzip bezeichnen will, das uns und nur uns angehört, ist gleichgültig. Name ist Schall und Rauch. Auch Raum ist ein Wort, das in tausend Spielarten im Munde des Mathematikers, Denkers, Dichters, Malers ein und dasselbe Unbeschreibliche ausdrücken möchte, das anscheinend der ganzen Menschheit angehört und doch mit diesem metaphysischen Hintersinn nur innerhalb der abendländischen Kultur die Geltung hat, die wir ihm mit innerer Notwendigkeit zuschreiben. Nicht der Begriff „Wille", sondern der Umstand, dass es ihn für uns überhaupt gibt, während *die Griechen ihn gar nicht kannten*, hat die Bedeutung eines großen Symbols. Im letzten Grunde besteht zwischen Tiefenraum und Wille kein Unterschied. Den antiken Sprachen fehlt die Bezeichnung für das eine und also auch für das andere.* Der reine Raum des faustischen Weltbildes

---

* ἐθέλω und βούλομαι heißen die Absicht, den Wunsch haben, geneigt sein; βουλή heißt *Rat*, *Plan*; zu ἐθέλω gibt es überhaupt kein Hauptwort. *Voluntas* ist kein psychologischer Begriff, sondern in echt römischem Tatsachensinne wie *potestas* und *virtus* eine Bezeichnung für praktische, äußere, sichtbare Begabung, für die *Wucht* eines menschlichen Einzelseins. Wir gebrauchen in diesem Fall das Fremdwort Energie. Der „Wille" Napoleons und die Energie Napoleons, das ist etwas sehr Verschiedenes, wie etwa Flugkraft und Gewicht. Man verwechsle die nach außen gerichtete Intelligenz, die den Römer als zivilisierten Menschen vor dem hellenischen Kulturmenschen auszeichnet, nicht mit dem, was hier Wille genannt ist. Cäsar ist *nicht* Willensmensch im Sinne Napoleons. Bezeichnend ist der Sprachgebrauch im römischen Recht, das der Poesie gegenüber das Grundgefühl der römischen Seele viel ursprünglicher darstellt. Die Absicht heißt hier *animus* (*animus occidendi*), der Wunsch, der sich auf Strafbares richtet, *dolus* im Gegensatz zur ungewollten Rechtsverletzung (*culpa*). *Voluntas* kommt als technischer Ausdruck gar nicht vor.

ist nicht bloße Dehnung, sondern Ausdehnung in die Ferne als Wirksamkeit, als Überwindung des Nur-Sinnlichen, als Spannung und Tendenz, als geistiger Wille zur Macht. Ich weiß wohl, wie unzulänglich diese Umschreibungen sind. Es ist vollständig unmöglich, durch exakte Begriffe den Unterschied anzugeben zwischen dem, was wir und was die Menschen der arabischen oder indischen Kultur Raum nennen und bei diesem Wort denken, empfinden und vorstellen. Dass es etwas durchaus Verschiedenes ist, beweisen die sehr verschiedenen Grundanschauungen der jeweiligen Mathematik und bildenden Kunst, vor allem die unmittelbaren Äußerungen des *Lebens*. Wir werden sehen, wie die Identität von Raum und Wille in den Taten des Kopernikus und Kolumbus so gut wie in denen der Hohenstaufen und Napoleons zum Ausdruck kommt – Beherrschung des Weltraums –, aber sie liegt in anderer Weise auch in den physikalischen Begriffen des Kraftfeldes und Potenzials, die man keinem Griechen hätte verständlich machen können. Raum als die Form *a priori* der Anschauung, die Formel, in welcher Kant endgültig aussprach, was die Barockphilosophie unablässig gesucht hatte – das bedeutet einen *Herrschaftsanspruch* der Seele über das Fremde. Das Ich regiert vermittelst der Form die Welt.*

---

* Die chinesische Seele „wandelt in der Welt": dies ist der Sinn der ostasiatischen Malerperspektive, deren Konvergenzpunkt in der *Bildmitte*, nicht in der Tiefe liegt. Durch die Perspektive werden die Dinge dem Ich, das sie ordnend auffasst, unterworfen und die antike Verneinung des perspektivischen Hintergrundes bedeutet also auch den Mangel an „Willen", an Herrschaftsanspruch über die Welt. Der chinesischen

Das bringt die Tiefenperspektive der Ölmalerei zum Ausdruck, die den unendlich gedachten Bildraum vom Betrachter abhängig macht, der ihn von der gewählten Entfernung aus im wörtlichen Sinne *beherrscht.* Es ist jener Zug in die Ferne, der zum Typus der *heroischen*, *historisch empfundenen* Landschaft im Gemälde wie im Park der Barockzeit führt, dasselbe, was der mathematisch-physikalische Begriff des Vektors zum Ausdruck bringt. Jahrhunderte hindurch hat die Malerei leidenschaftlich nach diesem großen Symbol gestrebt, in dem alles liegt, was die Worte Raum, Wille, Kraft ausdrücken möchten. Ihm entspricht die ständige Tendenz der Metaphysik, durch Begriffspaare wie Erscheinung und Ding an sich, Wille und Vorstellung, Ich und Nicht-Ich, die sämtlich von rein dynamischem Gehalt sind, sehr im Gegensatz zur Lehre des Protagoras vom Menschen als dem *Maß, also nicht dem Schöpfer* aller Dinge, die funktionale Abhängigkeit der Dinge vom Geist zu formulieren.

Der antiken Metaphysik gilt der Mensch als Körper unter Körpern und Erkennen ist hier eine Art von *Berührung*, die vom Erkannten zum Erkennenden hinüberging, nicht umgekehrt. Die optischen Theorien des Anaxagoras und Demokrit sind weit entfernt, dem Menschen eine Aktivität in der Sinneswahrnehmung zuzugestehen. Platon empfindet das Ich niemals als Mittelpunkt einer

---

Perspektive fehlt wie der chinesischen Technik die Richtungsenergie und deshalb möchte ich, gegenüber dem mächtigen Zug in die Tiefe, der unsere Landschaftsmalerei auszeichnet, von einer Perspektive des *tao* der Ostasiaten reden, womit ein im Bild wirkendes, nicht mißzuverstehendes *Weltgefühl* angedeutet ist.

transzendenten Wirkungssphäre, wie es Kant ein inneres Bedürfnis war. Die Gefangenen in seiner berühmten Höhle sind wirklich Gefangene, *Sklaven* äußerer Eindrücke, nicht ihre Herren, von der allgemeinen Sonne beschienen, nicht selbst Sonnen, die das All durchleuchten.

Der physikalische Begriff der Raumenergie – die gänzlich unantike Vorstellung, dass bereits die *räumliche Distanz* eine Energieform, sogar die Urform aller Energie ist, denn das ist die Grundlage der Begriffe Kapazität und Intensität – beleuchtet auch das Verhältnis des Willens zum imaginären Seelenraum. Wir fühlen, dass beides, das dynamische Weltbild Galileis und Newtons und das dynamische Seelenbild mit dem Willen als Schwerpunkt und Beziehungszentrum, ein und dasselbe bedeuten. Sie sind beide Barockgebilde, Symbole der zur vollen Reife gelangten faustischen Kultur.

Man tut unrecht, wie es oft geschieht, den Kult des „Willens", wenn nicht für allgemein menschlich, so doch für allgemein christlich zu halten und aus dem Ethos der früharabischen Religionen abzuleiten. Dieser Zusammenhang gehört lediglich der historischen Oberfläche an und man verwechselt die Schicksale von Worten wie *voluntas*, deren tiefsymbolischen Beutungswandel man nicht bemerkt, mit der Geschichte von Wortbedeutungen und Ideen. Wenn arabische Psychologen, Murtada z.B., von der Möglichkeit mehrerer „Willen" reden, von einem „Willen", der mit dem Tun zusammenhängt, von einem anderen, der ihm selbstständig voraufgeht, von einem „Willen", der überhaupt keine Beziehung zur Tat hat, der das „Wollen" erst erzeugt usw., wobei es auf die tiefere

Bedeutung des arabischen Wortes ankommt, so haben wir offenbar ein Seelenbild vor uns, das der Struktur nach von dem faustischen gänzlich verschieden ist.

Die Seelenelemente sind für jeden Menschen, welcher Kultur er auch angehört, die Gottheiten einer *inneren Mythologie*. Was Zeus für den äußeren Olymp ist, das ist für den der inneren Welt, für jeden Griechen mit vollkommener Deutlichkeit vorhanden, der νοῦς, welcher über den anderen Seelenteilen thront. Was für uns „Gott" ist, Gott als Weltatem, als die Allkraft, als die allgegenwärtige Wirkung und Vorsehung, das ist, aus dem Weltraum in den imaginären Seelenraum zurückgespiegelt und von uns mit Notwendigkeit als wirklich vorhanden empfunden, „Wille".

Zum mikrokosmischen Dualismus der magischen Kultur, zu *Ruach* und *Nephesch*, *Pneuma* und *Psyche* gehört mit Notwendigkeit der makrokosmische Gegensatz von Gott und Teufel, persisch Ormuzd und Ahriman, jüdisch Jahwe und Beelzebub, islamisch Allah und Iblis, dem absolut Guten und dem absolut Bösen, und man wird bemerken, dass im abendländischen Weltgefühl beide Gegensätze zugleich verblassen. In demselben Grad, wie aus dem gotischen Streit um den Vorrang von *intellectus* oder *voluntas* sich der Wille als Mittelpunkt eines *seelischen Monotheismus* herausbildet, entschwindet die Gestalt des Teufels aus der wirklichen Welt.

Zur Barockzeit hat der Pantheismus der Außenwelt einen inneren unmittelbar zur Folge, und was – in welcher Bedeutung auch – der Gegensatz *Gott und Welt* bezeichnen soll, das bezeichnet jedesmal das Wort Wille gegenüber der Seele überhaupt: die allbewegende Kraft in ihrem Reich.* Sobald das religiöse Denken in ein streng wissenschaftliches übergeht, besteht auch ein doppelter Begriffsmythus in Physik und Psychologie. Der Ursprung der Begriffe Kraft, Masse, Wille, Leidenschaft beruht nicht auf objektiver Erfahrung, sondern auf einem Lebensgefühl. Der Darwinismus ist nichts anderes als eine außergewöhnlich flache Fassung dieses Gefühls. Kein Grieche würde das Wort Natur im Sinne einer absoluten und planmäßigen Aktivität so gebraucht haben, wie die moderne Biologie es tut. Der „Wille Gottes" ist für uns ein Pleonasmus. Gott (oder „die Natur") ist nichts als Wille. So gut der Gottesbegriff seit der Renaissance unmerklich mit dem Begriff des unendlichen Weltraums identisch wird und die sinnlichen, persönlichen Züge verliert – Allgegenwart und Allmacht sind beinahe mathematische Begriffe geworden –, so gut wird er zum unanschaulichen Weltwillen. Die reine Instrumentalmusik überwindet deshalb um 1700 die Malerei als das einzige und letzte Mittel, dies Gefühl von Gott zu verdeutlichen. Demgegenüber denke man an die Götter Homers. Zeus besitzt durchaus nicht die volle Macht über die Welt, selbst auf dem Olymp ist er – wie es das apollinische Weltgefühl fordert – *primus inter pares*, Körper unter Körpern. Die blinde Notwendigkeit, die Ananke, welche das antike Wachsein im Kosmos erblickt, ist keineswegs

---

* Es versteht sich, das der Atheismus keine Ausnahme bildet. Wenn der Materialist oder Darwinist von „der Natur" redet, die etwas zweckmäßig anordnet, die eine Auslese trifft, die etwas hervorbringt oder vernichtet, so hat er dem Deismus des 18. Jahrhunderts gegenüber nur ein Wort verändert und das Weltgefühl unverändert bewahrt.

von ihm abhängig. Im Gegenteil, die Götter sind ihr unterworfen. Das wird von Aischylos an einer gewaltigen Stelle des „Prometheus" laut ausgesprochen, aber man fühlt es schon bei Homer im *Streit* der Götter und an jener entscheidenden Stelle, wo Zeus die Schicksalswaage hebt, um das Los Hektors nicht zu fällen, sondern zu erfahren. Also stellt sich die antike Seele mit ihren Teilen und Eigenschaften als ein Olymp kleiner Götter dar, die in friedlichem Einvernehmen zu halten das Ideal hellenischer Lebensführung, der Sophrosyne und Ataraxia ist. Mehr als ein Philosoph verrät den Zusammenhang, indem er den höchsten Seelenteil, den νοῦς, als Zeus bezeichnet. Aristoteles schreibt seiner Gottheit als einzige Funktion die θεωρία, die Beschaulichkeit zu; es ist das Ideal des Diogenes: eine zur Vollkommenheit gereifte Statik des Lebens gegenüber der ebenso vollkommenen Dynamik im Lebensideal des 18. Jahrhunderts.

Das rätselhafte Etwas im Seelenbild, welches das Wort Wille bezeichnet, die Leidenschaft der dritten Dimension, ist also ganz eigentlich eine Schöpfung des Barock, wie die Perspektive der Ölmalerei, wie der Kraftbegriff der neueren Physik, wie die Tonwelt der reinen Instrumentalmusik. In allen Fällen hatte die Gotik vorgedeutet, was diese Jahrhunderte der Durchgeistigung zur Reife brachten. Halten wir hier, wo es sich um den Stil des faustischen Lebens im Gegensatz zu jedem anderen handelt, daran fest, dass die Urworte Wille, Kraft, Raum, Gott, vom *faustischen* Bedeutungsgefühl getragen und durchseelt, Sinnbilder sind, schöpferische Grundzüge großer, einander verwandter Formenwelten, in denen dieses Sein sich zum Ausdruck bringt. Man war bis jetzt des Glaubens, hier „an sich seiende", ewige Tatsachen mit Händen zu greifen, die irgendwann einmal auf dem Wege kritischer Forschung endgültig gesichert, „erkannt", bewiesen sein würden. Diese Illusion der Naturwissenschaft war in gleicher Weise die der Psychologie. Die Einsicht, dass diese „allgemeingültigen" Grundlagen *lediglich zum Barockstil des Schauens und Verstehens gehören*, als Ausdrucksformen von vorübergehender Bedeutung und „wahr" nur für die westeuropäische Geistesart, verändert den ganzen Sinn dieser Wissenschaften, die nicht allein Subjekte eines systematischen Erkennens, sondern in viel höherem Grad *Objekte einer physiognomischen Betrachtung sind.*

Die Architektur des Barock begann, wie wir sahen, als Michelangelo die tektonischen Elemente der Renaissance, Stütze und Last, durch die dynamischen, Kraft und Masse, ersetzte. Brunellescos Pazzi-Kapelle drückt eine heitere Gelassenheit aus; Vignolas Fassade von Il Gesù ist steingewordner Wille. Man hat den neuen Stil in seiner kirchlichen Prägung Jesuitenstil genannt, vor allem nach der Vollendung, die er durch Vignola und Della Porta erfuhr, und in der Tat besteht ein innerer Zusammenhang zwischen der Schöpfung des Ignaz von Loyola, dessen Orden den reinen, abstrakten Willen der Kirche* präsen-

---

* Der große Anteil, den gelehrte Jesuiten an der Entwicklung der theoretischen Physik haben, darf nicht übersehen werden. Der Pater Boscovich war der erste, der über Newton hinausgehend ein System der Zentralkräfte schuf (1759). Im Jesuitismus ist die Gleichsetzung Gottes mit dem reinen Raum fühlbarer noch als im Kreise der Jansenisten von Port Royal, dem die Mathematiker Descartes und Pascal nahestanden.

tiert, dessen verborgene, ins Unendliche sich erstreckende Wirksamkeit das Seitenstück zur Analysis und zur Kunst der Fuge ist.

Es wird von nun an nicht mehr als Paradoxon empfunden werden, wenn künftig vom *Barockstil*, ja vom *Jesuitenstil in der Psychologie, Mathematik und theoretischen Physik* die Rede ist. Die Formensprache der Dynamik, welche den ernergischen Gegensatz von Kapazität und Intensität anstelle des somatisch-willenlosen von Stoff und Form setzt, ist allen geistigen Schöpfungen dieser Jahrhunderte gemeinsam.

4

Es ist nun die Frage, inwiefern der Mensch dieser Kultur selbst erfüllt, was das von ihm geschaffene Seelenbild erwarten lässt. Darf man das Thema der abendländischen Physik jetzt ganz allgemein als den wirkenden Raum bezeichnen, so ist damit auch die Daseinsart, der Daseins*inhalt* des gleichzeitigen Menschen bestimmt. *Wir*, faustische Naturen, sind gewöhnt, den Einzelnen hinsichtlich seiner *wirkenden*, nicht seiner plastisch-ruhenden Erscheinung ins Ganze unserer Lebenserfahrungen aufzunehmen. Was der Mensch ist, ermessen wir an seiner *Tätigkeit*, die nach innen wie nach außen gewendet sein kann und alle einzelnen Vorsätze, Gründe, Kräfte, Überzeugungen, Gewohnheiten werten wir durchaus nach dieser Richtung. Das Wort, in dem wir diesen Aspekt zusammenfassen, heißt *Charakter*. Wir sprechen von Charakterköpfen, von Charakterlandschaften. Der Charakter von Ornamenten, Pinselstrichen, Schriftzügen, von ganzen Künsten, Zeitaltern und Kulturen: das sind uns geläufige Wendungen.

Die Musik des Barock ist die eigentliche Kunst des Charakteristischen, was von Melodie und Instrumentation gleichmäßig gilt. Auch dieses Wort bezeichnet etwas Unbeschreibliches, etwas, das die faustische Kultur aus allen anderen heraushebt. Und zwar ist seine tiefe Verwandtschaft mit dem Wort „Wille“ unverkennbar: was der Wille im Seelenbild, ist der Charakter im Bild des Lebens, wie es uns und nur uns Westeuropäern mit Selbstverständlichkeit vorschwebt.

Dass der Mensch Charakter habe, ist der Grundanspruch all unserer ethischen Systeme, so verschieden ihre metaphysischen oder praktischen Formeln sonst lauten mögen. Der Charakter – der sich im *Strom der Welt* bildet, die „*Persönlichkeit*", das *Verhältnis des Lebens zur Tat* – ist ein faustischer Eindruck vom Menschen und es besteht eine bedeutsame Ähnlichkeit mit dem physikalischen Weltbild darin, dass der vektorielle Kraftbegriff mit seiner Richtungstendenz sich von dem der Bewegung trotz schärfster theoretischer Untersuchungen nicht hat isolieren lassen. Ebenso unmöglich ist die strenge Scheidung von Wille und Seele, Charakter und Leben. Wir empfinden auf der Höhe dieser Kultur sicherlich seit dem 17. Jahrhundert, das Wort Leben als schlechthin gleichbedeutend mit Wollen. Ausdrücke wie Lebenskraft, Lebenswille, tätige Energie füllen als etwas Selbstverständliches unsere ethische Literatur, während sie in das Griechisch der Zeit des Perikles nicht einmal übersetzbar gewesen wären.

Man bemerkt – was der Anspruch aller Moralen auf zeitliche und räumliche Allgemeingültigkeit bisher verdeckt hat –, dass jede einzelne Kultur als einheitliches Wesen höherer Ordnung *ihre eigene moralische Fassung besitzt*. Es gibt so viele Moralen, als es Kulturen gibt. Nietzsche, der als erster eine Ahnung davon hatte, ist trotzdem von einer wirklich objektiven Morphologie der Moral – jenseits von *jedem Gut* und *jedem Böse* – weit entfernt geblieben. Er hat die antike, indische, christliche, Renaissancemoral an seinen eigenen Wertungen abgeschätzt, statt deren Stil als Symbol zu verstehen. Aber gerade unserem historischen Blick hätte das *Urphänomen* der Moral als solches nicht entgehen sollen. Indessen werden wir erst heute, scheint es, reif dazu. Uns ist, und zwar schon seit Joachim von Floris und den Kreuzzügen, die Vorstellung der Menschheit als eines tätigen, kämpfenden, fortschreitenden Ganzen so notwendig, dass es uns schwer wird einzusehen, dass dies eine ausschließlich abendländische Betrachtungsweise von vorübergehender Geltung und Lebensdauer ist. Dem antiken Geist erscheint die Menschheit als gleichbleibende Masse und dem entspricht eine ganz anders geartete Moral, deren Dasein sich von der homerischen Frühzeit bis zur Kaiserzeit verfolgen lässt. Überhaupt wird man finden, dass dem im höchsten Grad aktiven Lebensgefühl der faustischen Kultur die chinesische und ägyptische, dem streng passiven der Antike die indische näherstehen.

Wenn je eine Gruppe von Nationen den Kampf ums Dasein beständig vor Augen hatte, so war es die der antiken Kultur, wo alle die Städte und Städtchen einander bis zur Vernichtung bekämpften, ohne Plan, ohne Sinn, ohne Gnade, Körper gegen Körper, aus einem vollkommen geschichtswidrigen Instinkt. Aber die griechische Ethik war, trotz Heraklit, weit entfernt, den Kampf zu einem ethischen Prinzip zu machen. Die Stoiker wie die Epikuräer lehrten den Verzicht auf ihn als Ideal. Die Überwindung von Widerständen ist vielmehr der typische Antrieb der abendländischen Seele. Aktivität, Entschlossenheit, Selbstbehauptung werden gefordert; der Kampf gegen die bequemen Vordergründe des Lebens, die Eindrücke des Augenblicks, des Nahen, Greifbaren, Leichten, die

Durchsetzung dessen, was Allgemeinheit und Dauer hat, was Vergangenheit und Zukunft seelisch aneinanderknüpft, ist der Inhalt aller faustischen Imperative von den frühesten Tagen der Gotik bis zu Kant und Fichte und weit darüber hinaus zu dem Ethos der ungeheuren Macht- und Willensäußerungen unserer Staaten, Wirtschaftsmächte und unserer Technik. Das *Carpe diem*, das gesättigte Sein des antiken Standpunktes ist der vollkommene Widerspruch gegen das, was Goethe, Kant, Pascal, was die Kirche wie das Freidenkertum als allein wertvoll empfanden, das *tätige*, *ringende*, *überwindende* Sein.*

Wie alle Formen der Dynamik – die malerische, musikalische, physikalische, soziale, politische – unendliche Zusammenhänge zur Geltung bringen, und nicht wie die antike Physik den Einzelfall und deren Summe, sondern den typischen Verlauf und dessen funktionale Regel betrachten, so hat man unter Charakter das grundsätzlich Gleichbleibende in der Auswirkung des Lebens zu verstehen. Andernfalls spricht man von Charakterlosigkeit.

---

* Luther hat, und dies ist einer der wesentlichsten Gründe für die Wirkung des Protestantismus gerade auf tiefere Naturen, die praktische Tätigkeit – was Goethe die Forderung des Tages nannte – in den Mittelpunkt der Moral gestellt. Die „frommen Werke", denen die Richtungsenergie im hier angegebenen Sinne fehlt, treten unbedingt zurück. In ihrer Hochschätzung wirkte, wie in der Renaissance, ein Rest von *südlichem* Gefühl. Hier findet man den tiefen ethischen Grund für die steigende Missachtung, die das Klosterwesen von nun an trifft. In der Gotik war der Eintritt ins Kloster, der Verzicht auf die Sorge, die Tat, das *Wollen* ein Akt von höchstem sittlichem Rang. Es war das größte denkbare Opfer – das des *Lebens*. Im Barock empfinden selbst Katholiken nicht mehr so. Die Stätte nicht der Entsagung, sondern des untätigen Genießens fiel dem Geist der Aufklärung zum Opfer.

Charakter ist, als Form einer bewegten Existenz, in welcher mit größtmöglicher Variabilität im Einzelnen die höchste Konstanz im Grundsätzlichen erreicht wird, das, was eine bedeutende Biographie wie Goethes „Wahrheit und Dichtung“ überhaupt möglich macht. Plutarchs echt antike Biographien sind demgegenüber nur chronologisch, nicht entwicklungsgeschichtlich geordnete Anekdotensammlungen und man wird zugeben, dass von Alkibiades, Perikles oder überhaupt einem rein apollinischen Menschen nur die zweite, nicht die erste Art von Biographie denkbar ist. Ihren Erlebnissen fehlt nicht die Masse, sondern die Beziehung – sie haben etwas Atomistisches. Auf das physikalische Weltbild bezogen: der Grieche hat nicht etwa vergessen, in der Summe seiner Erfahrungen allgemeine Gesetze zu suchen, er konnte sie in seinem Kosmos gar nicht finden.

Es folgt daraus, dass die Wissenschaften der Charakterkunde, vor allem Physiognomik und Graphologie, innerhalb der Antike sehr dürftig ausgefallen sein würden. Anstelle der Handschrift, die wir nicht kennen, beweist es das antike Ornament, das gegenüber dem gotischen – man denke an den Mäander und die Akanthusranke – von einer unglaublichen Simplizität und Schwäche des charakteristischen Ausdrucks, dafür von einem nie wieder erreichten Ausgeglichensein in zeitlosem Sinne ist.

Es versteht sich von selbst, dass wir, dem antiken Lebensgefühl zugewendet, dort ein Grundelement der ethischen Wertung finden müssen, das dem Charakter ebenso entgegengesetzt ist wie die Statue der Fuge, die euklidische Geometrie der Analysis, der Körper dem Raum. Es ist die Geste. Damit ist das Grundprinzip einer seelischen Statik gegeben und das Wort, welches anstelle unserer „Persönlichkeit" in den antiken Sprachen steht, heißt πρόσωπον, *persona*, nämlich Rolle, Maske. Im spätgriechisch-römischen Sprachgebrauch bezeichnet es die *öffentliche Erscheinung und Gebärde* und damit den eigentlichen *Wesenskern des antiken Menschen.* Man sagte von einem Redner, dass er als priesterliches, als soldatisches πρόσωπον spreche. Der Sklave war ἀπρόσωπος aber nicht, ἀσώματος, d. h. er hatte keine als Bestandteil des öffentlichen Lebens in Betracht kommende Haltung, aber eine „Seele". Dass das Schicksal jemandem die Rolle eines Königs oder Feldherrn zuerteilt habe, gibt der Römer durch *persona regis*, *imperatoris.** Darin verrät sich der apollinische Lebensstil. Es handelt sich nicht um die Entfaltung innerer Möglichkeiten durch tätiges *Streben*, sondern um die jederzeit geschlossene *Haltung* und strengste Anpassung an ein sozusagen plastisches Seinsideal. Nur in der antiken Ethik spielt ein gewisser Begriff der Schönheit eine Rolle. Mag man dies Ideal σωφροσύνη, καλοκἀγᾶθία oder ἀταραξία nennen, es ist immer die wohlgeordnete Gruppe sinnlich greifbarer, durchaus öffentlich erscheinender, *für die anderen*, nicht für das eigene Selbst bestimmter Züge. Man war Objekt, nicht Subjekt des äußeren Lebens. Das rein Gegenwärtige, Augenblickliche,

* Πρόσωπον heißt im älteren Griechisch „Gesicht", später in Athen „Maske". Aristoteles hat das Wort in der Bedeutung „Person" noch nicht gekannt. Erst der juristische Ausdruck *persona*, der ursprünglich die „Theatermaske" bedeutet, hat in der Kaiserzeit auch dem griechischen πρόσωπον den prägnanten römischen Sinn gegeben. Vgl. R. Hirzel, „Die Person" (1914), S. 40 ff.

der Vordergrund wurde nicht überwunden, sondern herausgearbeitet. Innenleben ist in diesem Zusammenhang ein unmöglicher Begriff. Das unübersetzbare, stets im westeuropäischen Sinne missverstandene ζῷον πολιτικόν des Aristoteles bezieht sich auf Menschen, die einzeln, einsam, nichts sind, die nur als Mehrzahl etwas bedeuten – was für eine groteske Vorstellung ist ein Athener in der Rolle des Robinson! –, auf der Agora, dem *forum*, wo jeder sich an anderen spiegelt und dadurch erst eigentlich Wirklichkeit erhält. Dies alles liegt in dem Ausdruck σώματα πόλεως: die Bürger der Stadt. Man begreift, dass das Porträt, das Probestück der Barockkunst, mit der Darstellung des Menschen identisch ist, insoweit er *Charakter* hat, und dass andererseits in der attischen Blütezeit die Darstellung des Menschen hinsichtlich seiner *Attitüde*, des Menschen als „*persona*", in dem Formideal der nackten Statue enden musste.

5

Dieser Gegensatz hat zu zwei in jedem Betracht grundverschiedenen Formen der Tragödie geführt. Die faustische, das Charakterdrama, und die apollinische, das Drama der erhabenen Geste, haben in der Tat nicht mehr als den Namen gemeinsam.

Die Barockzeit machte, bezeichnenderweise ausschließlich von Seneca und nicht von Aischylos und Sophokles ausgehend – das entspricht genau der architektonischen Anknüpfung an die Kaiserbauten statt den Tempel von Paestum –, mit steigender Entschiedenheit anstelle der Begebenheit den Charakter zum Schwerpunkt des Ganzen, zur Mitte gewissermaßen eines seelische Koordinatensystems, das allen szenischen Tatsachen in Bezug auf sich Lage, Bedeutung und Wert zuweist. Es entsteht eine *Tragik des Wollens*, der wirkenden Kräfte, der *inneren*, nicht notwendig in Sichtbares umgesetzten Bewegtheit, während Sophokles das unvermeidliche Minimum an Geschehen vor allem durch das Kunstmittel des Botenberichts hinter die Szene verlegt. Die antike Tragik bezieht sich auf allgemeine Lagen, nicht auf besondere Persönlichkeiten, Aristoteles bezeichnet sie ausdrücklich als μίμησις οὐκ ἀνθρώπων ἀλλὰ πράξεως καὶ βίου. Was er in seiner „Poetik", sicherlich dem für unsere Dichtung verhängnisvollsten Buch, ἦθος nennt, nämlich die ideale *Haltung* eines ideal hellenischen Menschen in einer schmerzlichen Lage, hat mit unserem Begriff Charakter als einer die Ereignisse bestimmenden Beschaffenheit des Ich so wenig zu tun wie eine Fläche in Euklids Geometrie mit dem gleichnamigen Gebilde etwa in Riemanns Theorie der algebraischen Gleichungen. Dass man ἦθος mit Charakter übersetzte, statt das kaum exakt Wiederzugebende durch Rolle, Haltung, Geste zu umschreiben, dass man μῦθος, *die zeitlose Begebenheit*, durch Handlung wiedergab, ist auf Jahrhunderte hin ebenso verderblich geworden wie die Ableitung des Wortes δρᾶμα von Tun. Othello, Don Quijote, der Misanthrop, Werther, Hedda Gabler sind Charaktere. Das Tragische lieg im *bloßen Dasein* so gearteter Menschen inmitten ihrer Welt. Ob gegen diese Welt, gegen sich, gegen andere: der Kampf wird durch den Charakter, nicht durch etwas von außen Kommendes, aufgezwungen. Es ist *Fügung*, die Einfügung einer Seele in einen Zusammenhang widersprechender Beziehungen, der keine reine Auflösung gestattet. Antike Bühnengestalten aber sind Rollen, keine Charaktere. Auf der Szene erscheinen immer dieselben Figuren, der Greis, der Heros, der Mörder, der Liebende, stets dieselben schwer beweglichen, auf dem Kothurn schreitenden, maskierten Körper. Deshalb war die Maske im antiken Drama auch der Spätzeit eine tiefsymbolische *innere Notwendigkeit*, während unsere Stücke ohne das Mienenspiel der Darsteller eben nicht „dargestellt“ wären. Man wende ja nicht die Größe der griechischen Theater ein, auch die Gelegenheitsmimen trugen Masken – *auch die Bildnisstatuen* –, und wäre das tiefere Bedürfnis nach intimen Räumen dagewesen, so hätte sich die architektonische Form von selbst gefunden.

Die in Bezug auf einen Charakter tragischen Begebenheiten folgen aus einer langen inneren Entwicklung.

In den tragischen Fällen des Ajas, des Philoktet, der Antigone und Elektra aber ist eine innere Vorgeschichte – selbst wenn sie in einem antiken Menschen anzutreffen wäre – für die Folgen gleichgültig. Das entscheidende Ereignis überfällt sie, unvermittelt, ganz zufällig und äußerlich, und hätte an ihrer Stelle jeden anderen und mit der gleichen Wirkung überfallen können. Es brauchte nicht einmal ein Mensch gleichen Geschlechtes zu sein.

Es kennzeichnet den Gegensatz antiker und abendländischer Tragik noch nicht scharf genug, wenn man nur von Handlung oder Ereignis redet. Die faustische Tragödie ist *biographisch*, die apollinische ist *anekdotisch*, das heißt jene umfasst das Gerichtetsein eines ganzen Lebens, diese den für sich stehenden Augenblick; denn welche Beziehung hat die gesamte innere Vergangenheit des Ödipus oder Orest zu dem vernichtenden Ereignis, das ihnen plötzlich in den Weg tritt? Der Anekdote antiken Stils gegenüber kennen wir den Typus der *charakteristischen*, persönlichen, antimythischen Anekdote – es ist die *Novelle*, deren Meister Cervantes, Kleist, Hoffmann, Storm sind –, die umso bedeutender ist, je mehr man fühlt, dass ihr Motiv *nur einmal* und nur zu *dieser* Zeit und unter *diesen* Menschen möglich war, während der Rang der mythischen Anekdote – der *Fabel* – durch die Reinheit der gegenteiligen Eigenschaften bestimmt wird. Wir haben da also ein Schicksal, das wie der Blitz trifft, gleichgültig wen, und ein anderes, das sich wie ein unsichtbarer Faden durch ein Leben spinnt und dieses eine vor allen anderen auszeichnet. Es gibt im vergangenen Dasein Othellos, diesem Meisterstück einer psychologischen Analyse, nicht den geringsten Zug, der ganz ohne Beziehung zur

Katastrophe wäre. Der Rassenhass, das Alleinstehen des Emporkömmlings unter den Patriziern, der Mohr als Soldat, als Naturmensch, als der vereinsamte ältere Mann – nichts von diesen Momenten ist ohne Bedeutung. Man versuche doch, die Exposition des Hamlet oder Lear im Vergleich zu der sophokleischer Stücke zu entwickeln. Sie ist durchaus psychologisch, nicht eine Summe äußerer Daten. Von dem, was wir heute einen Psychologen nennen, nämlich einen gestaltenden Kenner innerer Epochen, was für uns beinahe mit dem Begriff eines Dichters identisch geworden ist, hatten die Griechen keine Ahnung. So wenig sie Analytiker in der Mathematik waren, so wenig waren sie es im Seelischen, und antiken Seelen gegenüber konnte es nicht wohl anders sein. „Psychologie" – das ist das eigentliche Wort für die *abendländische* Art von Menschengestaltung. Das passt auf ein Porträt Rembrandts so gut wie auf die Musik des Tristan, auf Stendhals Julian Sorel wie auf Dantes „Vita Nuova". Keine andere Kultur kennt Ähnliches. Gerade das ist es, was von der Gruppe antiker Künste mit Strenge ausgeschlossen blieb. „Psychologie" ist die Form, in welcher der Wille, der Mensch als verkörperter Wille, nicht der Mensch als σῶμα, kunstfähig wird. Wer hier Euripides nennt, der weiß gar nicht, was Psychologie ist. Welche Fülle des Charakteristischen liegt schon in der nordischen Mythologie mit ihren schlauen Zwergen, tölpischen Riesen, neckischen Elben, mit Loki, Baldr und den anderen Gestalten und wie typisch wirkt daneben der homerische Olymp! Zeus, Apollon, Poseidon, Ares sind einfach „Männer", Hermes ist „der Jüngling", Athene eine reifere Aphrodite, die kleineren Götter – wie auch die spätere Plastik beweist – nur dem Namen nach unterscheidbar. Das gilt im vollen Umfang auch von den Gestalten der attischen Szene. Bei Wolfram von Eschenbach, Cervantes, Shakespeare, Goethe entwickelt sich das Tragische des Einzellebens von innen heraus, dynamisch, funktional und die Lebensläufe sind wieder nur aus dem geschichtlichen Hintergrund des Jahrhunderts ganz begreiflich – bei den drei großen Tragikern Athens kommt es von außen, statisch, euklidisch. Um eine früher auf die Weltgeschichte angewandte Bezeichnung zu wiederholen: das vernichtende Ereignis macht dort *Epoche*, hier bewirkt es eine *Episode*. Selbst der tödliche Ausgang ist nur die letzte Episode eines aus lauter Zufälligkeiten zusammengesetzten Daseins.

Eine Barocktragödie ist nichts als der führende Charakter noch einmal, nur in der Lichtwelt des Auges zur Entfaltung gebracht, als Kurve statt als Gleichung, kinetische statt potentieller Energie. Die sichtbare Person ist der mögliche, die Handlung der sich verwirklichende Charakter. Dies ist der ganze Sinn unserer noch heute unter antiken Reminiszenzen und Missverständnissen verschütteten Lehre vom Tragischen. Der tragische Mensch der Antike ist ein euklidischer Körper, der in seiner Lage, die er nicht gewählt hat und nicht ändern kann, von der Heimarmene* getroffen wird, der sich in der Belichtung seiner Flächen durch die äußeren Vorfälle unveränderlich zeigt. In diesem Sinne ist in den „Choephoren" von Agamemnon als dem „flottenführenden königlichen Leibe" die Rede und sagt Ödipus in Kolonos, dass das Orakel

---

* Das unausweichliche Verhängnis, Schicksal. *Die Herausgeber.*

„seinem Leibe" gelte. Man wird bei allen bedeutenden Menschen der griechischen Geschichte bis auf Alexander hinab eine merkwürdige Unbildsamkeit finden. Ich wüsste keinen, der in den Kämpfen des Lebens eine innere Wandlung vollzogen hätte, wie wir sie von Luther und Loyola kennen. Was man allzu flüchtig bei den Griechen Charakterzeichnung nennt, ist nichts als der Reflex von Ereignissen auf das ἦθος des Helden, niemals der Reflex einer Persönlichkeit auf die Ereignisse.

Und so verstehen wir faustischen Menschen das Drama mit innerster Notwendigkeit als ein Maximum an Aktivität, die Griechen mit derselben Notwendigkeit als ein Maximum an Passivität.* Die attische Tragödie enthält überhaupt keine „Handlung". Die antiken Mysterien – und Aischylos, der aus Eleusis stammte, hat das höhere Drama durch Übertragung der Mysterienform mit ihrer Peripetie erst geschaffen – waren sämtlich δράματα oder δρώμενα, liturgische Begehungen. Aristoteles bezeichnet die Tragödie als Nachahmung eines Geschehens. Das, die Nachahmung, ist identisch mit der vielberufenen *Profanation der Mysterien* und man weiß, dass Aischylos, der auch

---

* Das entspricht dem Bedeutungswandel der antiken Worte *pathos* und *passio*. Das letzte wurde erst in der Kaiserzeit dem ersten nachgebildet und hat sich im ursprünglichen Sinne in der Passion Christi erhalten. In frühgotischer Zeit erfolgte der Umschlag des Bedeutungsgefühls, und zwar im Sprachgebrauch der Spiritualen des Franziskanerordens und der Schüler des Joachim von Floris. Als Ausdruck tiefen Erregtseins, das nach Entladung strebt, wurde *passio* endlich zur Bezeichnung der seelischen Dynamik überhaupt und in dieser Bedeutung von Willensstärke und Richtungsenergie 1647 von Zesen durch „Leidenschaft" verdeutscht.

die sakrale Tracht der Eleusispriester für immer als Kostüm der attischen Bühne eingeführt hat, deshalb angeklagt wurde.* Denn das eigentliche δρᾶμα mit seiner Peripetie von der Klage zum Jubel lag gar nicht in der Fabel, die dort erzählt wurde, sondern in der dahinterstehenden, symbolischen, vom Zuschauer im tiefsten Sinne aufgefassten und nachgefühlten Kulthandlung. Mit diesem Element der nichthomerischen antiken Frühreligion verband sich ein bäuerliches, die burlesken – phallischen, dithyrambischen – Szenen an den Frühlingsfesten für Demeter und Dionysos. Aus den Tiertänzen** und dem begleitenden Gesang hat sich der tragische Chor entwickelt, welcher dem Darsteller, dem „Antworter" des Thespis (534) entgegentritt.

Die eigentliche Tragödie wuchs aus der feierlichen Totenklage, dem Threnos (*naenia*) hervor. Irgendwann wurde aus dem heiteren Spiel am Dionysosfest – das auch ein Fest der Seelen war – ein Klagechor von Menschen und das Satyrspiel an den Schluss verdrängt. 494 führte Phrynichos den „Fall von Milet" auf, kein historisches Schauspiel, sondern die Klage der Milesierinnen, wofür er streng bestraft wurde, weil er an das Leid der Stadt erinnert ha-

---

* Die eleusinischen Mysterien enthielten durchaus keine Geheimnisse. Jeder wusste, was dort vorging. Aber sie wirkten mit einer geheimnisvollen Erschütterung auf die Gläubigen und man „verriet", das heißt man entweihte sie, wenn man ihre heiligen Formen außerhalb der Tempelstätte nachahmte. Zum Folgenden: A. Dieterich, „Kleine Schriften" (1911), S. 414 ff.

** Die Satyrn waren Böcke; Silen als Vortänzer trug einen Pferdeschwanz; aber die Vögel, Frösche und Wespen des Aristophanes deuten vielleicht auf noch andere Verkleidungen hin.

be. Erst die Einführung des zweiten Darstellers durch Aischylos hat das Wesen der antiken Tragödie vollendet: der Klage als dem *gegebenen* Thema wird die sichtbare Gestaltung eines großen menschlichen Leidens als *gegenwärtiges* Motiv unterlegt. Die Vordergrundfabel (μῦθοσ) ist nicht „Handlung", sondern der Anlass für die Gesänge des Chors, welche nach wie vor die eigentliche *tragoidia* bilden. Ob die Begebenheit erzählt oder vorgeführt wird, ist ganz unwesentlich. Der Zuschauer, der den Sinn des Tages kannte, fühlte in den pathetischen Worten sich und sein Schicksal gemeint. *In ihm* vollzieht sich die Peripetie, die der eigentliche Zweck der heiligen Szenen ist. Die liturgische Klage über den Jammer des Menschengeschlechts ist immer, von Berichten und Erzählungen umgeben, der Schwerpunkt des Ganzen geblieben. Man sieht es am deutlichsten im Prometheus, Agamemnon und König Ödipus. Aber hoch über die Klage hinaus erhebt sich nun* die Größe des Dulders, seine erhabene Attitüde, sein ῆθοσ, das in mächtigen Szenen zwischen den Chorpartien vorgeführt wird. Nicht der heroische Täter, dessen Wille am Widerstand fremder Mächte oder an den Dämonen in der eignen Brust wächst und bricht, sondern der willenlos Leidende, dessen somatisches Dasein – ohne tieferen Grund, wie man hinzufügen muss – vernichtet wird, ist das Thema. Die Prometheustrilogie des Aischylos beginnt gerade dort, wo Goethe sie vermutlich hätte enden lassen. König Lears Wahnsinn ist das *Ergebnis* der

* Das geschah in derselben Zeit, als mit Polyklet die Plastik über die Freskomalerei siegte.

tragischen Handlung. Der Ajas des Sophokles dagegen wird von Athene wahnsinnig *gemacht*, *bevor* das Drama beginnt. Das ist der Unterschied zwischen einem Charakter und einer bewegten Gestalt. In der Tat, Furcht und Mitleid sind, wie es Aristoteles beschreibt, die notwendige Wirkung antiker Tragödien auf antike, und *nur* auf antike Zuschauer. Das wird sofort klar, wenn man sieht, welche Szenen von ihm als die wirksamsten bezeichnet werden, nämlich jähe Glückswechsel und Erkennungsszenen. Zu den ersten gehört vor allem der Eindruck des φόβοσ (Grauen), zu den zweiten der des ἐλεόσ (Rührung). Die erstrebte Katharsis ist nur aus dem Seinsideal der Ataraxia nachzuerleben. Die antike „Seele" ist reine Gegenwart, reines σῶμα, unbewegtes punktförmiges Sein. Dies infrage gestellt zu sehen durch den Neid der Götter, das blinde Ungefähr, das wahllos, blitzartig über jeden hereinbrechen kann, ist das Furchtbarste. Es greift an die Wurzeln der antiken Existenz, während es den faustischen, alles wagenden Menschen erst lebendig werden lässt. Und nun – das sich *lösen* zu sehen, wie wenn Gewitterwolken sich in dunklen Bänken am Horizont lagern und die Sonne wieder durchbricht, das tiefe Gefühl der Freude an der geliebten großen Geste, das Aufatmen der gequälten mythischen Seele, die Lust am wiedergewonnenen Gleichgewicht – das ist Katharsis. Das setzt aber auch ein Lebensgefühl voraus, das uns vollkommen fremd ist. Das Wort ist in unsere Sprachen und Empfindungen kaum zu übersetzen. Die ganze ästhetische Mühe und Willkür des Barock und des Klassizismus, mit der rückhaltlosen Ehrfurcht vor antiken Büchern im Hintergrund, war notwendig, um uns dies seelische Fundament auch für unsere Tragödie aufzureden – angesichts der Tatsache, dass ihre Wirkung gerade die entgegengesetzte ist, dass sie nicht von passiven, statischen Erlebnissen erlöst, sondern aktive, dynamische hervorruft, reizt und auf die Spitze treibt, dass sie die Urgefühle eines energischen Menschseins, die Grausamkeit, die Freude an Spannung, Gefahr, Gewalttat, Sieg, Verbrechen, das Glücksgefühl des Überwinders und Vernichters weckt, Gefühle, die seit der Wikingerzeit, den Hohenstaufentaten und Kreuzzügen in der Tiefe jeder nordischen Seele schlafen. *Das* ist die Wirkung Shakespeares. Ein Grieche hätte den Macbeth gar nicht ausgehalten, er hätte vor allem den Sinn dieser mächtigen biographischen Kunst mit ihrer Richtungstendenz nicht begriffen. Dass Gestalten wie Richard III., Don Juan, Faust, Michael Kohlhaas, Golo, unantik vom Scheitel bis zur Sohle, nicht Mitleid, sondern einen tiefen seltsamen Neid, nicht Furcht, sondern eine rätselhafte Lust an Qualen, einen verzehrenden Wunsch nach einem ganz anderen Mit-Leiden wecken, verraten uns heute, wo die faustische Tragödie auch in ihrer spätesten, der deutschen Form endgültig abgestorben ist, die ständigen Motive der weltstädtischen Literatur Westeuropas, die man mit den entsprechenden alexandrinischen vergleiche. In den „nervenspannenden" Abenteurer- und Detektivgeschichten und ganz zuletzt im Kinodrama, das durchaus den spätantiken Mimus vertritt, ist ein Rest der unbändigen faustischen Überwinder- und Entdeckersehnsucht fühlbar.

Dem entspricht genau das apollinische und das faustische Bühnenbild, das zur Vollständigkeit des Kunstwerkes gehört, wie es vom Dichter gedacht worden war. Das antike Drama ist ein Stück Plastik, eine Gruppe pathetischer Szenen von reliefmäßigem Charakter, eine Schau riesenhafter Marionetten vor der flach abschließenden Rückwand des Theaters.* Es ist ausschließlich groß empfundene Geste, während die spärlichen Begebenheiten der Fabel eher feierlich vorgetragen als vorgeführt werden. Das Gegenteil will die Technik des abendländischen Dramas: ununterbrochene Bewegtheit und strenge Ausschaltung handlungsarmer, statischer Momente. Die berühmten drei Einheiten des Ortes, der Zeit und des Vorgangs, so wie sie in Athen nicht formuliert, aber unbewusst herausgebildet worden sind, *umschreiben den Typus der antiken Marmorstatue.* Und unvermerkt bezeichnen sie damit auch das Lebensideal des antiken, an die Polis, die reine Gegenwart, die Geste gebundenen Menschen. Die Einheiten haben sämtlich den Sinn von Negationen: man verleugnet den Raum, man verneint Vergangenheit und Zukunft, man lehnt alle seelischen Beziehungen in die Ferne ab. Ataraxia – in dem Wort könnte man sie zusammenfassen. Man verwechsle diese Forderungen ja nicht mit oberflächlich ähnlichen im Drama der romanischen Völker. Das spanische Theater des 16. Jahrhunderts hat sich dem Zwang „antiker“ Regeln unterworfen, aber man begreift, dass die kastilianische Würde der Zeit Philipps II. sich davon angesprochen fühlte, ohne den ursprünglichen Geist dieser Regeln zu kennen oder auch nur kennen zu wollen.

---

* Das innerlich geschaute Bühnenbild der drei großen Tragiker ist vielleicht mit der stilgeschichtlichen Folge der Aegina-, Olympia- und Parthenongiebel vergleichbar.

Die großen Spanier, vor allem Tirso da Molina, schufen die „drei Einheiten“ des Barock, aber nicht als metaphysische Verneinungen, sondern lediglich als Ausdruck einer vornehmen höfischen Sitte, und Corneille, der gelehrige Zögling spanischer Grandezza, hat sie in dieser Bedeutung dorther entlehnt. Damit begann das Verhängnis. Die florentinische Nachahmung der maßlos bewunderten antiken Plastik, die niemand in ihren letzten Bedingungen begriff, konnte nichts verderben, denn es gab damals keine nordische Plastik mehr, die hätte verdorben werden können. Aber es gab die Möglichkeit einer mächtigen, rein faustischen Tragödie von ungeahnten Formen und Kühnheiten. Dass sie *nicht* erschien, dass das germanische Drama, so groß Shakespeare ist, niemals den Bann, einer missverstandenen Konvention ganz überwunden hat, das hat der blinde Glaube an die Autorität des Aristoteles verschuldet. Was hätte aus dem Drama des Barock unter den Eindrücken der ritterlichen Epik, der Osterspiele und Mysterien der Gotik, und in Nachbarschaft zu den Oratorien und Passionen, der Kirche werden können, wenn man niemals etwas vom griechischen Theater gehört hätte! Eine Tragödie aus dem Geist der kontrapunktischen Musik, ohne die Fesseln einer für sie sinnlosen plastischen Gebundenheit, eine Bühnendichtung, die sich von Orlando Lasso und Palestrina an und neben Heinrich Schütz, Bach, Händel, Gluck, Beethoven vollkommen frei zu einer eigenen und reinen Form entwickelt hätte – das wäre möglich gewesen und ist nun ausgeblieben. Nur dem glücklichen Umstand, dass die gesamte hellenische Freskomalerei verloren ging, verdanken wir die innere Freiheit unserer Ölmalerei.

6

Mit den drei Einheiten war es nicht genug. Das attische Drama forderte statt des Mienenspiels die starre Maske – es verbot also die seelische Charakteristik, wie man die Aufstellung ikonischer Statuen verboten hatte. Es forderte den Kothurn und die überlebensgroße, rings bis zur Unbeweglichkeit gepolsterte Figur mit dem schleppenden Gewand – und beseitigte damit die Individualität der Erscheinung. Es forderte endlich den aus einem röhrenartigen Mundstück monoton erschallenden Sprechgesang.

Der bloße Text, wie wir ihn heute *lesen* – nicht ohne unvermerkt den Geist Goethes und Shakespeares und unsere ganze Kraft perspektivischen Sehens hineinzutragen – kann von dem tieferen Sinn dieses Dramas nur wenig geben. Antike Kunstwerke sind ganz für das antike Auge, und zwar das leibliche Auge geschaffen. Erst die sinnliche Form der Darstellung schließt die eigentlichen Geheimnisse auf. Und da bemerken wir einen Zug, der jeder wahren Tragik faustischen Stils gegenüber unerträglich wäre: die beständige Gegenwart des Chores. Der Chor ist die Urtragödie, denn ohne ihn wäre das ἦθοσ nicht möglich. Charakter hat jemand durch sich selbst, eine Haltung gibt es nur in Bezug auf andere.

Dieser Chor als Menge, als der ideale Gegensatz zum einsamen, zum innerlichen Menschen, zum Monolog der abendländischen Szene, dieser Chor, der immer anwesend bleibt, vor dem sich alle „Selbstgespräche“ abspielen, der die Angst vor dem Grenzenlosen, Leeren auch im Bühnenbild vertreibt – das ist apollinisch. Die Selbstbetrachtung als *öffentliche* Tätigkeit, die prunkvolle öffentliche Klage statt des Schmerzes im einsamen Kämmerlein (– „wer nie die kummervollen Nächte auf seinem Bette weinend saß“ –), das tränenreiche Jammergeschrei, das, eine ganze Reihe von Dramen wie den Philoktet und die Trachinierinnen füllt, die Unmöglichkeit, allein zu bleiben, der Sinn der Polis, all das Weibliche dieser Kultur, wie es der Idealtypus des Apoll von Belvedere verrät, offenbart sich im Symbol des Chores. Dieser Art von Drama gegenüber ist dasjenige Shakespeares ein einziger Monolog. Selbst die Zwiegespräche, selbst die Gruppenszenen lassen die ungeheure *innere* Distanz dieser Menschen empfinden, von denen jeder im Grunde nur mit sich selbst spricht. Nichts vermag diese seelische Ferne zu durchbrechen. Man fühlt sie im Hamlet wie im Tasso, im Don Quijote wie im Werther, aber sie ist schon in Wolfram von Eschenbachs Parzeval in ihrer ganzen Unendlichkeit Gestalt geworden, sie unterscheidet die gesamte abendländische Poesie von der gesamten antiken. Unsere ganze Lyrik, von Walther von der Vogelweide bis auf Goethe, bis auf die Lyrik der sterbenden Weltstädte herab ist monologisch, die antike Lyrik ist eine Lyrik im Chor, eine Lyrik vor Zeugen. Die eine wird innerlich aufgenommen, im wortlosen Lesen, als unhörbare Musik, die andere wird öffentlich rezitiert. Die eine gehört dem schweigenden Raum – als Buch, das überall zu Hause ist –, die andere dem Platz, an dem sie gerade erklingt.

Die Kunst des Thespis entwickelt sich deshalb, obwohl die Mysterien von Eleusis und die thrakischen Feste der Epiphanie des Dionysos nächtlich gewesen waren, mit innerster Notwendigkeit zu einer Szene des Vormittags und des vollen Sonnenlichts. Aus den abendländischen Volks- und Passionsspielen dagegen, die aus der Predigt mit verteilten Rollen hervorgegangen sind und erst von Klerikern in der Kirche, später von Laien auf dem freien Platz davor, und zwar an den Vormittagen der hohen Kirchenfeste (Kirmessen) vorgetragen wurden, entstand unvermerkt eine Kunst des Abends und der Nacht. Schon zu Shakespeares Zeiten spielte man am Spätnachmittag und dieser mystische Zug, der das Kunstwerk der ihm zugehörigen Helligkeit annähern will, hatte zur Zeit Goethes sein Ziel erreicht. Jede Kunst, jede Kultur überhaupt hat ihre bedeutsame Tagesstunde. Die Musik des 18. Jahrhunderts ist eine Kunst der Dunkelheit, wo das innere Auge erwacht, die attische Plastik ist die des wolkenlosen Lichtes. Wie tief diese Beziehung reicht, beweisen die gotische Plastik mit der sie umhüllenden ewigen Dämmerung und die ionische Flöte, das Instrument des hohen Mittags. Die Kerze bejaht, das Sonnenlicht verneint den Raum gegenüber den Dingen. In den Nächten siegt der Weltraum über die Materie, im Licht des Mittags verleugnen die nahen Dinge den fernen Raum. So unterscheiden sich das attische Fresko und die nordische Ölmalerei. So wurden Helios und Pan antike, der Sternenhimmel und die Abendröte faustische Symbole.

Auch die Seelen der Toten gehen mitternachts um, vor allem in den zwölf langen Nächten nach Weihnachten. Die antiken Seelen gehörten dem Tage. Noch die alte Kirche hatte vom δωδεκαήμερον, den zwölf geweihten

Tagen, geredet – mit dem Erwachen der abendländischen Kultur wurde die „Zwölftnacht" daraus.

Die antike Vasen- und Freskomalerei – man hat das noch nie bemerkt – kennt keine Tageszeit. Kein Schatten zeigt den Stand der Sonne, kein Himmel die Gestirne an, es gibt weder Morgen noch Abend, weder Frühling noch Herbst, es herrscht eine reine, *zeitlose Helligkeit.** Das Atelierbraun der klassischen Ölmalerei entwickelte sich mit gleicher Selbstverständlichkeit zum Gegenteil, einer imaginären, von der Stunde unabhängigen Dunkelheit, der eigentlichen Atmosphäre des faustischen Seelenraumes. Das ist umso bedeutsamer, als die Bildräume von Anfang an die Landschaft im Licht einer Tages- und Jahreszeit geben wollen, historisch also. Aber all diese Morgenfrühen, Wolken im Abendrot, die letzte Helligkeit über der Kammlinie ferner Berge, die Zimmer bei Kerzenschein, die Frühlingswiesen und Herbstwälder, die langen und kurzen Schatten der Büsche und Ackerfurchen sind dennoch durchdrungen von einer abgedämpften Dunkelheit, die *nicht* vom Gang der Gestirne stammt. Stete Helle und stete Dämmerung trennen in der Tat antike und westeuropäische Malerei, antike und westeuropäische Bühne voneinander. Und darf man nicht auch die euklidische Geometrie eine Mathematik des Tages, die Analysis eine solche der Nacht nennen?

---

* Es sei noch einmal betont: die hellenistische „Schattenmalerei" des Zeuxis und Apollodor modelliert die einzelnen Körper, sodass sie plastisch auf das Auge wirken. Es lag ihr ganz fern, den Schatten als Wiedergabe eines durchleuchteten Raumes zu behandeln. Der Körper ist „schattiert", *aber er wirft keinen Schatten.*

Für die Griechen sicherlich eine Art profanierenden Frevels, ist der Szenenwechsel für uns beinahe ein religiöses Bedürfnis, eine Forderung unseres Weltgefühls. In der gleichbleibenden Szene des Tasso liegt etwas Heidnisches. Wir brauchen *innerlich* ein Drama voller Perspektiven und weiter Hintergründe, eine Bühne, die alle sinnlichen Schranken aufhebt und die ganze Welt in sich zieht. Shakespeare, der geboren wurde, als Michelangelo starb, und zu dichten aufhörte, als Rembrandt zur Welt kam, hat das Maximum von Unendlichkeit, von leidenschaftlicher Überwindung aller statischen Gebundenheit erreicht. Seine Wälder, Meere, Gassen, Gärten, Schlachtfelder liegen im Fernen, Grenzenlosen. Jahre fliehen in Minuten vorüber. Der wahnsinnige Lear zwischen dem Narren und dem tollen Bettler im Sturm auf nächtlicher Heide, das Ich in tiefster Einsamkeit im Raum verloren – das ist faustisches Lebensgefühl. Und das schlägt die Brücke hinüber zu den innerlich gesehenen, erfühlten Landschaften schon der venezianischen Musik um 1600, dass die Bühne der Elisabethanischen Zeit das alles *nur bezeichnet*, während das geistige Auge sich aus spärlichen Andeutungen ein Bild der Welt entwirft, in welcher Szenen sich abspielen, die stets in ferne Begebenheiten hinübergreifen und die eine antike Bühne nie hätte darstellen können. Die griechische Szene ist niemals Landschaft, sie ist überhaupt nichts. Man darf sie höchstens als die Basis wandelnder Statuen bezeichnen. Die Figuren sind alles, auf dem Theater wie im Fresko. Wenn man dem antiken Menschen Naturgefühl abspricht, so ist es das faustische, das am Raum haftet und deshalb an der Landschaft, insofern sie Raum ist. Die antike Natur ist *der Körper*, und hat man sich einmal in diese Fühlweise versenkt, so begreift man plötzlich, mit welchen Augen ein Grieche das bewegte Muskelrelief eines nackten Leibes verfolgte. Das war seine lebendige Natur, nicht Wolken, Sterne und der Horizont.

7

Alles Sinnlich-nahe aber ist gemeinverständlich. Damit wurde unter allen Kulturen, die es bisher gab, die antike in den Äußerungen ihres Lebensgefühls am meisten, die abendländische am wenigsten populär. Gemeinverständlich ist das Merkmal einer Schöpfung, die sich jedem Betrachter auf den ersten Blick mit all ihren Geheimnissen preisgibt, einer Schöpfung, deren Sinn sich in der Außenseite und Oberfläche verkörpert. Gemeinverständlich ist in jeder Kultur das, was von urmenschlichen Zuständen und Bildungen her unverändert geblieben ist, was der Mann von den Tagen der Kindheit an fortschreitend begreift, ohne eine ganz neue Betrachtungsweise *erkämpfen* zu müssen, überhaupt das, was *nicht* erkämpft werden muss, was sich von selbst gibt, was im sinnlich Gegebenen unmittelbar zutage liegt, nicht durch dasselbe nur angedeutet ist und nur – von wenigen, unter Umständen von ganz vereinzelten – gefunden werden kann. Es gibt volkstümliche Ansichten, Werke, Menschen, Landschaften. Jede Kultur hat ihren ganz bestimmten Grad von Esoterik oder Popularität, der ihren gesamten Leistungen innewohnt, soweit sie symbolische Bedeutung haben. Das Gemeinverständliche hebt den Unterschied zwischen Menschen auf, hinsichtlich des Umfangs wie der Tiefe ihres Seelischen. Die Esoterik betont ihn, verstärkt ihn. Endlich, auf das ursprüngliche Tiefenerlebnis des zum Selbstbewusstsein erwachenden Menschen angewendet und damit auf das Ursymbol, seines Daseins und den Stil seiner Umwelt bezogen: zum Ursymbol des Körperhaften gehört die rein populäre, „*naive*“, zum Symbol des unendlichen Raumes die ausgesprochen unpopuläre Beziehung zwischen Kultur*schöpfungen* und den zugehörigen Kultur*menschen*.

Die antike Geometrie ist die des Kindes, die eines jeden Laien. Euklids Elemente der Geometrie werden noch heute in England als Schulbuch gebraucht. Der Alltagsverstand wird sie stets für die einzig richtige und wahre halten. Alle anderen Arten natürlicher Geometrie, die möglich sind und die – in angestrengtester Überwindung des populären Augenscheins – von uns gefunden wurden, sind nur einem Kreis berufener Mathematiker verständlich. Die berühmten vier Elemente des Empedokles sind die jedes naiven Menschen und seiner „angebornen Physik“. Die von der radioaktiven Forschung entwickelte Vorstellung von isotopen Elementen ist schon den Gelehrten der Nachbarwissenschaften kaum verständlich.

Alles Antike ist mit einem Blick zu umfassen, sei es der dorische Tempel, die Statue, die Polis, der Götterkult – es gibt keine Hindergründe und Geheimnisse. Aber man vergleiche daraufhin eine gotische Domfassade mit den Propyläen, eine Radierung mit einem Vasengemälde, die Politik des athenischen Volkes mit der modernen Kabinettspolitik. Man bedenke, wie jedes unserer epochemachenden Werke der Poesie, der Politik, der Wissenschaft eine ganze Literatur von Erklärungen hervorgerufen gerufen hat, mit sehr zweifelhaftem Erfolg dazu. Die Parthenonskulpturen waren für jeden Hellenen da, die Musik

Bachs und seiner Zeitgenossen war eine Musik für Musiker. Wir haben den Typus des Rembrandtkenners, des Dantekenners, des Kenners der kontrapunktischen Musik und es ist – mit Recht – ein Einwand gegen Wagner, dass der Kreis der Wagnerianer allzu weit werden konnte, dass allzu wenig von seiner Musik nur dem gewiegten Musiker zugänglich bleibt. Aber eine Gruppe von Phidiaskennern? Oder gar Homerkennern? Hier wird eine Reihe von Erscheinungen als Symptomen des abendländischen Lebensgefühls verständlich, die man bisher geneigt war als allgemein menschliche Beschränktheiten moralphilosophisch oder wohl richtiger melodramatisch aufzufassen. Der „unverstandene Künstler", der „verhungernde Poet", der „verhöhnte Erfinder", der Denker, „der erst in Jahrhunderten begriffen wird" – das sind Typen einer esoterischen Kultur. Das Pathos der Distanz, in dem sich der Hang zum Unendlichen und also der Wille zur Macht verbirgt, liegt diesen Schicksalen zugrunde. Sie sind im Umkreis faustischen Menschentums, und zwar von der Gotik bis zur Gegenwart ebenso notwendig, als sie unter apollinischen Menschen undenkbar sind.

Alle hohen Schöpfer des Abendlandes waren von Anfang bis zum Ende in ihren eigentlichen Absichten nur einem kleinen Kreis verständlich. Michelangelo hat gesagt, dass sein Stil dazu berufen sei, Narren zu züchten. Gauß hat dreißig Jahre lang seine Entdeckung der nichteuklidischen Geometrie verschwiegen, weil er das „Geschrei der Böoter" fürchtete. Die großen Meister der gotischen Kathedralplastik findet man heute erst aus dem Durchschnitt heraus. Aber das gilt von jedem Maler, jedem Staatsmann, jedem Philosophen. Man vergleiche doch Denker beider Kulturen, Anaximander, Heraklit, Protagoras mit Giordano Bruno, Leibniz oder Kant. Man denke daran, dass kein deutscher Dichter, der überhaupt Erwähnung verdient, von Durchschnittsmenschen verstanden werden kann und dass es in keiner abendländischen Sprache ein Werk von dem Rang und zugleich der Simplizität Homers gibt. Das Nibelungenlied ist eine spröde und verschlossene Dichtung und Dante zu verstehen ist wenigstens in Deutschland selten mehr als eine literarische Pose. Was es in der Antike nie gab, hat es im Abendland immer gegeben: die exklusive Form. Ganze Zeitalter wie die der provenzalischen Kultur und des Rokoko sind im höchsten Grade gewählt und abweisend. Ihre Ideen, ihre Formensprache sind nur für eine wenig zahlreiche Klasse höherer Menschen da. Gerade dass die Renaissance, diese vermeintliche Wiedergeburt der – so gar nicht exklusiven, in ihrem Publikum so gar nicht wählerischen – Antike keine Ausnahme macht, dass sie durch und durch die Schöpfung eines *Kreises* und *einzelner* erlesener Geister war, ein Geschmack, der die Menge von vornherein abwies, dass im Gegenteil das Volk von Florenz gleichgültig, erstaunt oder unwillig zusah und gelegentlich, wie im Falle Savonarolas, mit Vergnügen die Meisterwerke zerschlug und verbrannte, beweist, wie tief diese Seelenferne geht. Denn die attische Kultur besaß *jeder* Bürger. Sie schloss keinen aus und sie kannte deshalb den *Unterschied von tief und flach*, der für uns von entscheidender Bedeutung ist, überhaupt nicht. Populär und flach sind für uns Wechselbegriffe, in der Kunst wie in der Wissenschaft, für antike Menschen sind sie es nicht. „Oberflächlich aus Tiefe" hat Nietzsche die Griechen einmal genannt.

Man betrachte daraufhin unsere Wissenschaften, die alle, ohne Ausnahme, neben elementaren Anfangsgründen „höhere", dem Laien unverständliche Gebiete haben – auch dies ein Symbol des Unendlichen und der Richtungsenergie. Es gibt bestenfalls tausend Menschen auf der Welt, für welche heute die letzten Kapitel der theoretischen Physik geschrieben werden. Gewisse Probleme der modernen Mathematik sind nur einem noch viel engeren Kreis zugänglich. Alle volkstümlichen Wissenschaften sind heute von vornherein wertlose, verfehlte, verfälschte Wissenschaften. Wir haben nicht nur eine Kunst für Künstler, sondern auch eine Mathematik für Mathematiker, eine Politik für Politiker – von der das *profanum vulgus* der Zeitungsleser keine Ahnung hat,* während die antike Politik niemals über den geistigen Horizont der Agora hinausging – eine Religion für das „religiöse Genie" und eine Poesie für Philosophen. Man kann den beginnenden Verfall der abendländischen Wissenschaft, der deutlich fühlbar ist, allein an dem Bedürfnis nach einer Wirkung ins Breite ermessen. Dass die strenge Esoterik der Barockzeit als drückend empfunden wird, verrät die sinkende Kraft, die Abnahme des Distanzgefühls, das diese Schranke ehrfürchtig anerkennt. Die wenigen Wissenschaften, die heute noch ihre ganze Feinheit, Tiefe und Energie des Schließens und Folgerns bewahrt haben und nicht vom Feuilletonismus angegriffen

---

* Die große Masse der Sozialisten würde sofort aufhören es zu sein, wenn sie den Sozialismus der neun oder zehn Menschen, die ihn heute in seinen äußersten historischen Konsequenzen begreifen, auch nur von fern verstehen könnte.

sind – es sind nicht mehr viele: die theoretische Physik, die Mathematik, die katholische Dogmatik, vielleicht noch die Jurisprudenz –, wenden sich an einen ganz engen, gewählten Kreis von Kennern. *Der Kenner aber ist es, der mit seinem Gegensatz, dem Laien, der Antike fehlt, wo jeder alles kennt.* Für uns hat diese *Polarität* von Kenner und Laie den Rang eines großen Symbols und wo die Spannung dieser Distanz nachzulassen beginnt, da erlischt das faustische Lebensgefühl.

Dieser Zusammenhang gestattet für die letzten Fortschritte der abendländischen Forschung – also für die nächsten zwei, vielleicht nicht einmal zwei Jahrhunderte – den Schluss, dass, je höher die weltstädtische Leere und Trivialität der öffentlich und „praktisch" gewordenen Künste und Wissenschaften steigt, desto strenger sich der posthume Geist der Kultur in sehr enge Kreise flüchten und dort ohne Zusammenhang mit der Öffentlichkeit an Gedanken und Formen wirken wird, die nur einer äußerst geringen Anzahl von bevorzugten Menschen etwas bedeuten können.

8

Kein antikes Kunstwerk sucht eine Beziehung zum Betrachter. Das hieße den unendlichen Raum, in den das einzelne Werk sich verliert, durch dessen Formensprache bejahen, ihn in die Wirkung einbeziehen. Eine attische Statue ist vollkommen euklidischer Körper, zeitlos und beziehungslos, durchaus in sich abgeschlossen. Sie schweigt. Sie hat keinen Blick. *Sie weiß nichts vom Zuschauer.* Wie sie im Gegensatz zu den plastischen Gebilden aller anderen Kulturen ganz für sich steht und sich in keine größere architektonische Ordnung einfügt, so steht sie unabhängig *neben* dem antiken Menschen, Körper neben Körper. Er empfindet ihre bloße *Nähe*, nicht ihre herandringende Macht, keine den Raum durchdringende Wirkung. So äußert sie das apollinische Lebensgefühl.

Die erwachende magische Kunst kehrte alsbald den Sinn dieser Formen um. Das Auge der Statuen und Porträts konstantinischen Stils richtet sich groß und starr auf den Betrachter. Es repräsentiert die höhere der beiden Seelensubstanzen, das Pneuma. Die Antike hatte das Auge blind gebildet, jetzt wird die Pupille gebohrt, das Auge wendet sich, unnatürlich vergrößert, in den Raum hinein, den es in der attischen Kunst nicht als seiend anerkannt hatte. Im antiken Freskogemälde waren die Köpfe einander zugewendet, jetzt, in den Mosaiken von Ravenna und schon in den Reliefs der altchristlich-spätrömischen Sarkophage, wenden sie sich sämtlich dem Betrachter zu und heften den durchgeistigten Blick auf ihn. Eine geheimnisvoll eindringliche Fernwirkung geht, ganz unantik, von der Welt im Kunstwerk in die Sphäre des Zuschauers hinüber. Noch in den frühflorentinischen und frührheinischen Bildern auf Goldgrund ist etwas von dieser Magie zu spüren.

Und nun betrachte man die abendländische Malerei, von Leonardo an, wo sie zum vollen Bewusstsein ihrer Bestimmung gelangt ist. Wie begreift sie den *einen* unendlichen Raum, dem das Werk und der Zuschauer, beide bloße Schwerpunkte räumlicher Dynamik angehören? Das volle faustische Lebensgefühl, die Leidenschaft der dritten Dimension ergreift die Form des „Bildes", einer farbig behandelten Fläche, und gestaltet sie in unerhörter Weise um. Das Gemälde bleibt nicht für sich, es richtet sich nicht auf den Zuschauer, *es nimmt ihn in seine Sphäre auf.* Der durch den Bildrahmen begrenzte Ausschnitt – das Guckkastenbild, ein getreues Seitenstück des Bühnenbildes – repräsentiert den Weltraum selbst. Vordergrund und Hintergrund verlieren ihre stofflich-nahe Tendenz und schließen auf, statt abzugrenzen. Ferne Horizonte vertiefen das Bild ins Unendliche, die farbige Behandlung der Nähe löst die ideale vordere Scheidewand der Bildfläche auf und erweitert den Bildraum so, dass der Betrachter in ihm weilt. Nicht er wählt den Standort, von dem aus das Bild am günstigsten wirkt, das Bild weist ihm Ort und Entfernung an. Die Überschneidungen durch den Rahmen, die seit 1500 immer häufiger und kühner werden, entwerten auch die seitliche Grenze. Der hellenische Betrachter eines polygnotischen Fresko stand *vor* dem Bild. Wir „versenken" uns in ein Bild, das heißt wir werden durch die Gewalt der Raumbehandlung in das Bild gezogen. Damit ist die Einheit des Weltraumes hergestellt. In dieser durch das Bild nach allen Seiten hin entwickelten Unendlichkeit herrscht nun die abendländische Perspektive und von ihr aus führt ein Weg zum Verständnis unseres astronomischen Weltbildes mit seiner leidenschaftlichen Durchdringung unendlicher Raumfernen.

Der apollinische Mensch hatte den weiten Weltraum nie bemerken *wollen*, seine philosophischen Systeme schweigen sämtlich von ihm. Sie kennen nur Probleme der greifbar wirklichen Dinge, und dem „zwischen den Dingen“ haftet nichts irgendwie Positives und Bedeutsames an. Sie nehmen die Erdkugel, auf der sie stehen und die selbst bei Hipparch von einer festen Himmelskugel umschichtet ist, als die schlechthin gegebene ganze Welt, und nichts wirkt für den, der hier noch die innersten und geheimsten Gründe zu sehen vermag, seltsamer als die immer wiederholten Versuche, dieses Himmelsgewölbe der Erde theoretisch so zuzuordnen, dass deren symbolischer Vorrang in keiner Weise angetastet wird.

Damit vergleiche man die erschütternde Vehemenz, mit welcher die Entdeckung des Kopernikus, dieses „Zeitgenossen“ des Pythagoras, die Seele des Abendlandes durchdrang und die tiefe Ehrfurcht, mit welcher Kepler die Gesetze der Planetenbahnen entdeckte, die ihm als eine unmittelbare Offenbarung Gottes erschienen, er wagte bekanntlich nicht an ihrer kreisförmigen Gestalt zu zweifeln, weil jede andere ihm ein Symbol von zu geringer Würde darzustellen schien. Hier kam das altnordische Lebensgefühl, die Wikingersehnsucht nach dem Grenzenlosen zu ihrem Recht. Dies gibt der echt faustischen

Erfindung des Fernrohrs einen tiefen Sinn. Indem es in Räume eindringt, die dem bloßen Auge verschlossen bleiben, an denen der Wille zur Macht über den Weltraum eine Grenze findet, *erweitert* es das All, das wir „besitzen". Das wahrhaft religiöse Gefühl, das den heutigen Menschen ergreift, der zum ersten Mal diesen Blick in den Sternenraum tun darf, ein Machtgefühl, dasselbe, das Shakespeares größte Tragödien erwecken wollen, wäre Sophokles als der Frevel aller Frevel erschienen.

Eben deshalb muss man wissen, dass die Verneinung des „Himmelsgewölbes" ein *Entschluss* ist, keine sinnliche Erfahrung. Alle modernen Vorstellungen über das Wesen des sternerfüllten Raumes, oder vorsichtiger gesagt einer durch Lichtzeichen angedeuteten Ausgedehntheit beruhen durchaus nicht auf einem sicheren Wissen, das uns das Auge mittelst des Fernrohrs liefert, denn im Fernrohr sehen wir nur kleine helle Scheiben verschiedener Größe. Die photographische Platte liefert ein sehr verschiedenes Bild, kein *schärferes*, sondern ein *anderes*, und beide zusammen müssen erst durch viele und sehr gewagte Hypothesen, das heißt selbst geschaffene Bildelemente wie Abstand, Größe und Bewegung umgedeutet werden, um ein geschlossenes Weltbild zu liefern, wie es uns Bedürfnis ist. Der Stil dieses Bildes entspricht dem Stil unserer Seele.

In Wirklichkeit wissen wir nicht, wie verschieden die Leuchtkraft der Sterne ist und ob sie nach verschiedenen Richtungen variiert, wir wissen nicht, ob das Licht in den ungeheuren Räumen verändert, vermindert, gelöscht wird. Wir wissen nicht, ob unsere irdischen Vorstellungen vom Wesen des Lichts mit allen daraus abgeleiteten Theorien und Gesetzen außerhalb der Erdnähe noch Geltung haben. Was wir „sehen“, sind lediglich Licht*zeichen*, was wir „verstehen“, sind Symbole unserer selbst.

Das Pathos des kopernikanischen Weltbewusstseins, das ausschließlich unserer Kultur angehört und – ich wage hier eine Behauptung, die heute noch paradox erscheinen wird – in ein gewaltsames Vergessen der Entdeckung umschlagen würde und wird, sobald sie der Seele einer künftigen Kultur bedrohlich erscheint, dies Pathos beruht auf der Gewissheit, dass nunmehr dem Kosmos das Körperlich-Statische, das sinnbildliche Übergewicht des plastischen *Erdkörpers* genommen ist. Bis dahin befand sich der Himmel, der ebenfalls als substanzielle Größe gedacht oder mindestens empfunden war, im polaren Gleichgewicht zur Erde. Jetzt ist es der *Raum*, der das All beherrscht, „Welt“ bedeutet Raum und die Gestirne sind kaum mehr als mathematische Punkte, winzige Kugeln im Unermesslichen, deren Stoffliches das Weltgefühl nicht mehr berührt. Demokrit, der im Namen der apollinischen Kultur hier eine Körpergrenze schaffen wollte und musste, hatte sich eine Schicht hakenförmiger Atome gedacht, die wie eine Haut den Kosmos abschließt. Demgegenüber sucht unser nie gestillter Hunger nach immer neuen Weltfernen. Das System des Kopernikus hat, zuerst durch Giordano Bruno, der Tausende solcher Systeme im Grenzenlosen schweben sah, in den Jahrhunderten des Barock eine unermessliche Erweiterung gefunden.

Wir „wissen“ heute, dass die Summe aller Sonnensysteme – etwa 35 Millionen – eingeschlossenes Sternensystem bildet, das nachweisbar endlich ist* und die Gestalt eines Rotationsellipsoids besitzt, dessen Äquator mit dem Band der Milchstraße annähernd zusammenfällt. Schwärme von Sonnensystemen durchziehen wie Züge von wandernden Vögeln mit gleicher Richtung und Geschwindigkeit diesen Raum. Eine solche Schar, deren Apex im Sternbild des Herkules liegt, bildet unsere Sonne mit den hellen Sternen Capella, Wega, Atair und Beteigeuze. Die Achse des ungeheuren Systems, dessen Mitte unsere Sonne gegenwärtig nicht sehr fern steht, wird 470 Millionen mal so groß als der Abstand von Sonne und Erde angenommen. Der nächtliche Sternenhimmel gibt uns gleichzeitig Eindrücke, deren zeitlicher Ursprung bis zu 3700 Jahren auseinanderliegt, so viel beträgt der Lichtweg von der äußersten Grenze bis zur Erde. Im Bild der Historie, das sich vor unseren Augen entfaltet, entspricht das einer Dauer über die gesamte antike und arabische Kultur zurück bis zum Höhepunkt der ägyptischen, zur Zeit der 12. Dynastie. Dieser Aspekt – ich wiederhole: ein *Bild*, keine Erfahrung – ist für den faustischen Geist erhaben,** für den apollinischen wäre er grauenvoll gewesen, eine vollkommene Vernichtung der tiefsten Bedingungen seines Daseins. Dass eine endgültige Grenze des für uns

---

* Nach dem Rand zu nimmt bei wachsender Stärke des Fernrohres die Zahl der neu erscheinenden Sterne rasch ab.

** Das Berauschende großer Zahlen ist ein bezeichnendes Erlebnis, das nur der Mensch des Abendlandes kennt. In der gegenwärtigen Zivilisation spielt gerade dies Symbol, die Leidenschaft für Riesensummen, für unendlich große und unendlich kleine Messungen, für Rekorde und Statistiken eine ungewöhnliche Rolle.

Gewordenen und Vorhandenen mit dem Rand des Sternenkörpers statuiert wird, wäre ihm als Erlösung erschienen. Wir aber haben mit innerster Notwendigkeit die unausweichliche neue Frage: Gibt es *außerhalb* dieses Systems etwas? Gibt es *Mengen* solcher Systeme in Entfernungen, denen gegenüber die hier festgestellten Dimensionen außerordentlich klein sind? Für die sinnliche Erfahrung erscheint eine absolute Grenze erreicht, durch diese massenleeren Räume, die eine bloße *Denknotwendigkeit* für uns sind, kann weder das Licht noch die Gravitation ein Existenzzeichen geben. Die seelische Leidenschaft, das Bedürfnis nach restloser Verwirklichung unserer Daseinsidee in Symbolen aber *leidet* unter dieser Grenze unserer Sinnesempfindungen.

9

Deshalb haben die altnordischen Stämme, in deren urmenschlicher Seele das Faustische sich bereits zu regen begann, in grauer Vorzeit eine *Segelschifffahrt* erfunden, die sie vom Festland befreite.* Die Ägypter kannten das Segel, aber sie zogen nur den Vorteil der Arbeitsersparnis daraus. Sie fuhren wie früher mit ihren Ruderschiffen die Küste entlang nach Punt und Syrien, ohne die *Idee* der Hochseefahrt, das Befreiende und Symbolische, in ihr zu empfinden. Denn die Segelschifffahrt überwindet den *euklidischen* Begriff des Landes. Im Anfang des 14. Jahrhunderts erfolgt beinahe gleichzeitig – und gleichzeitig mit der Ausbildung der Ölmalerei und des Kontrapunkts! – die Erfindung des *Schießpulvers und des Kompasses*, der *Fernwaffe* und des *Fernverkehrs* also, die beide mit tiefer Notwendigkeit auch innerhalb der chinesischen Kultur erfunden worden sind. Es war der Geist der Wikinger, der Hansa,

---

* Sie reichte im 2. vorchristlichen Jahrtausend von Island und der Nordsee über Kap Finisterre nach den Kanarischen Inseln und Westafrika, wovon die Atlantissagen der Griechen eine Erinnerung bewahrten. In irgendeinem Zusammenhang damit müssen die „Seevölker" gestanden haben, Wikingerschwärme, die nach langer Länderwanderung von Nord nach Süd im Schwarzen oder Ägäischen Meer wieder Schiffe zimmerten und seit Ramses II. (1292–1225) gegen Ägypten vorbrachen. Ihre Schiffstypen auf den ägyptischen Reliefs sind von den einheimischen und phönizischen ganz verschieden. Ein späteres Beispiel solcher Vorstöße geben die Waräger in Russland und Konstantinopel.

der Geist jener Urvölker, welche die Hünengräber als Male einsamer Seelen auf weiter Ebene aufschütteten – statt der häuslichen Aschenurne der Hellenen –, die ihre toten Könige auf brennendem Schiff in die hohe See treiben ließen, ein erschütterndes Zeichen jener dunklen Sehnsucht nach dem Grenzenlosen, die sie trieb, auf ihren winzigen Kähnen um 900, als die Geburt der abendländischen Kultur sich ankündigte, die Küste Amerikas zu erreichen, während die von Ägyptern und Karthagern bereits ausgeführte Umschiffung Afrikas die antike Menschheit völlig gleichgültig ließ. Wie statuenhaft deren Dasein auch hinsichtlich des Verkehrs war, bezeugt die Tatsache, dass die Nachricht vom Ersten Punischen Krieg, einem der gewaltigsten der antiken Geschichte, nur wie ein dunkles Gerücht von Sizilien nach Athen drang. Selbst die Seelen der Griechen waren im Hades versammelt, ohne sich zu regen, als Schattenbilder (εἴδωλα), ohne Kraft, Wunsch und Empfindung. Die nordischen Seelen aber gesellten sich dem „wütenden Heere" zu, das rastlos durch die Lüfte schweift.

Auf der gleichen Kulturstufe wie die Entdeckungen der Spanier und Portugiesen des 14. erfolgte die große hellenische Kolonisation des 8. vorchristlichen Jahrhunderts. Aber während jene von der Abenteurersehnsucht nach ungemessenen Fernen und allem Unbekannten und Gefahrvollen besessen waren, ging der Grieche Punkt für Punkt vorsichtig hinter den bekannten Spuren der Phöniker, Karthager und Etrusker her und seine Neugier erstreckte sich nicht im Geringsten auf das, was jenseits der Säulen des Herkules oder der Landenge von Suez lag, so leicht erreichbar es ihm gewesen wäre. Man hörte in Athen ohne Zweifel von dem Weg in die Nordsee, nach dem Kongo, nach Sansibar, nach Indien, zur Zeit des Heron war die Lage der Südspitze Indiens und der Sundainseln bekannt, aber man verschloss sich dem so gut wie dem astronomischen Wissen des alten Ostens. Selbst als das heutige Marokko und Portugal römische Provinzen geworden waren, entstand kein neuer atlantischer Seeverkehr und die Kanarischen Inseln blieben vergessen. Die Kolumbussehnsucht blieb der apollinischen Seele ebenso fremd wie die Sehnsucht des Kopernikus. Diese auf den Gewinn so versessenen hellenischen Kaufleute hatten eine tiefe metaphysische Scheu vor der Ausdehnung ihres geographischen Horizontes. Auch da hielt man sich an Nähe und Vordergrund. Das Dasein der Polis, jenes merkwürdige Ideal des Staates als Statue, war ja nichts als eine Zuflucht vor der „weiten Welt" jener Seevölker. Und dabei war die Antike unter allen bisher erschienenen Kulturen die einzige, deren Mutterland nicht auf der Fläche eines Kontinents, sondern um die Küsten eines Inselmeeres gelagert war und ein Meer als eigentlichen Schwerpunkt umschloss. Trotzdem hat nicht einmal der Hellenismus mit seinem Hang zu technischen Spielereien sich vom Gebrauch der Ruder befreit, welche die Schiffe an der Küste hielten. Die Schiffbaukunst konstruierte damals – in Alexandria – Riesenschiffe von 80 m Länge, und man hatte wieder einmal das Dampfschiff im Prinzip erfunden. Aber es gibt Entdeckungen von dem Pathos eines großen und *notwendigen* Symbols, die etwas sehr Innerliches offenbaren, und solche, die lediglich ein Spiel des Geistes sind. Das Dampfschiff ist für den apollinischen Menschen das letzte, für den faustischen das erste. Erst der Rang im Ganzen des Makrokosmos gibt einer Erfindung und ihrer Anwendung Tiefe oder Oberflächlichkeit. Die Entdeckungen des Kolumbus und Vasco da Gama erweiterten den geographischen Horizont ins Ungemessene: das *Weltmeer* trat dem Festland gegenüber in das gleiche Verhältnis wie der Weltraum zur Erde. Jetzt erst entlud sich die politische Spannung des faustischen Weltbewusstseins. Für den Griechen war und blieb Hellas das wesentliche Stück der Erdfläche, mit der Entdeckung Amerikas wurde das Abendland zur Provinz in einem riesenhaften Ganzen. Von hier an trägt die Geschichte der abendländischen Kultur *planetarischen* Charakter.

Jede Kultur besitzt ihren *eigenen* Begriff von Heimat und Vaterland, schwer greifbar, kaum in Worte zu fassen, voller dunkler metaphysischer Beziehungen, aber trotzdem von unzweideutiger Tendenz. Das antike Heimatgefühl, das den Einzelnen ganz leibhaft und euklidisch an die Polis band, steht hier jenem rätselhaften Heimweh des Nordländers gegenüber, das etwas Musikhaftes, Schweifendes und Unirdisches hat. Der antike Mensch empfindet als Heimat nur, was er von der Burg seiner Vaterstadt aus übersehen kann. Wo der Horizont von Athen endet, beginnt die Fremde, der Feind, das „Vaterland" der anderen. Der Römer selbst der letzten republikanischen Zeit hat unter *patria* niemals Italien, auch nicht Latium, stets nur die *Urbs Roma* verstanden. Die antike Welt löst sich mit steigender Reife in eine Unzahl vaterländischer Punkte auf, unter denen ein körperliches Absonderungsbedürfnis in Gestalt eines Hasses besteht, der den Barbaren gegenüber nie in dieser Stärke zum Vorschein kommt, und nichts kann das endgültige Erlöschen des antiken und den Sieg des magischen Weltgefühls nach dieser Seite hin schärfer kennzeichnen als die Verleihung des römischen Bürgerrechts an alle Provinzialen durch Caracalla (212). Damit war der antike, statuenhafte Begriff des Bürgers aufgehoben. Es gab ein „Reich", es gab folglich auch eine neue Art von Zugehörigkeit. Bezeichnend ist der entsprechende römische Begriff des Heeres. Es gab in echt antiker Zeit kein „römisches Heer", wie man vom preußischen Heer spricht, es gab nur *Heere*, d.h. durch Ernennung eines Legaten als solche, als begrenzte und sichtbar-gegenwärtige Körper bestimmte Truppenteile („Truppenkörper"), einen *exercitus Scipionis*, Crassi, aber keinen *exercitus Romanus*. Erst Caracalla, der durch den erwähnten Erlass den Begriff des *civis Romanus* tatsächlich aufhob, der die römische Staatsreligion durch Gleichsetzung der städtischen Gottheiten mit allen fremden auslöschte, hat auch den – unantiken, *magischen* – Begriff des *kaiserlichen Heeres* geschaffen, das durch die einzelnen Legionen in *Erscheinung tritt*, während altrömische Heere nichts *bedeuten*, sondern ausschließlich etwas sind. Von nun an ändert sich auf den Inschriften der Ausdruck *fides exercituum* in *fides exercitus*, anstelle körperlich empfundener Einzelgottheiten (der Treue, des Glücks der Legion), denen der Legat opferte, war ein allgemein geistiges Prinzip getreten. Dieser Bedeutungswandel hat sich auch im Vaterlandsgefühl des östlichen Menschen der Kaiserzeit – *nicht nur des Christen* – vollzogen. Heimat ist dem apollinischen Menschen, solange ein Rest seines Weltgefühls wirksam ist, im ganz eigentlichen, körperhaften Sinne der Boden, auf dem seine Stadt erbaut ist. Man wird sich hier der „Einheit des Ortes" attischer Tragödien und Statuen erinnern. Dem magischen Menschen, dem Christen, Perser, Juden, „Griechen",* Manichäer, Nestorianer, Islamiten ist sie nichts, was mit geographischen Wirklichkeiten zusammenhängt. Uns ist sie eine ungreifbare Einheit von Natur, Sprache, Klima, Sitte, Geschichte, nicht Erde, sondern „Land", nicht punktförmige Gegenwart, sondern geschichtliche Vergangenheit und Zukunft, nicht eine Einheit von Menschen, Göttern und Häusern, sondern eine *Idee*, die sich mit rastloser Wanderschaft, mit tiefster Einsamkeit und mit jener urdeutschen Sehnsucht nach dem Süden verträgt, an der von den Sachsenkaisern bis auf Hölderlin und Nietzsche die Besten zugrunde gegangen sind.

Die faustische Kultur war deshalb im stärksten Maße auf *Ausdehnung* gerichtet, sei sie politischer, wirtschaftlicher oder geistiger Natur, sie überwand alle geographisch-stofflichen Schranken, sie suchte ohne jeden praktischen Zweck, nur um des Symbols willen, Nord- und Südpol zu erreichen, sie hat zuletzt die Erdoberfläche in ein einziges Kolonialgebiet und Wirtschaftssystem verwandelt. Was von Meister Eckart bis auf Kant alle Denker wollten, die Welt „als Erscheinung" den Machtansprüchen des erkennenden Ich unterwerfen, das taten von Otto dem Großen bis auf Napoleon alle Führer. Das Grenzenlose war das *eigentliche* Ziel ihres Ehrgeizes, die Weltmonarchie der großen Salier und Staufen, die Pläne Gregors VII. und Innozenz III., jenes Reich der spanischen Habsburger, „in dem die Sonne nicht unterging", und der Imperialismus, um den heute der noch lange nicht beendigte Weltkrieg geführt wird. Der antike Mensch

* Das heißt Anhänger der synkretistischen Kulte.

konnte aus einem inneren Grund kein Eroberer sein, trotz des Alexanderzuges, der als romantische Ausnahme und mehr noch durch den inneren Widerstand der Begleiter lediglich die Regel bestätigt. In den Zwergen, Nixen und Kobolden hat die nordische Seele Wesen geschaffen, die mit einer unstillbaren Sehnsucht aus dem bindenden Element erlöst sein wollen, einer Sehnsucht nach dem Fernen und Freien, die den griechischen Dryaden und Oreaden ganz unbekannt ist. Die Griechen gründeten Hunderte von Pflanzstädten am Küstensaum des Mittelmeeres, aber man findet nicht den geringsten Versuch, erobernd ins Hinterland zu dringen. Sich fern der Küste ansiedeln hieße, die Heimat aus den Augen verlieren, sich *allein* niederlassen, wie es den Trappern der amerikanischen Prärien als Ideal vorschwebte und lange vorher schon den Helden der isländischen Sagas, liegt völlig außerhalb der Möglichkeiten antiken Menschentums. Ein Schauspiel wie die Auswanderung nach Amerika – jeder Einzelne auf eigene Faust und mit einem tiefen Bedürfnis allein zu bleiben –, die spanischen Konquistadoren, der Strom der kalifornischen Goldsucher, der unbändige Wunsch nach Freiheit, Einsamkeit, ungemessener Selbstständigkeit, diese gigantische Verneinung eines noch irgendwie begrenzten Heimatgefühls ist allein faustisch. Das kennt keine andere Kultur, auch die chinesische nicht.

Der hellenische Auswanderer gleicht dem Kind, das sich an der Mutter Schürze hält: aus der alten Stadt in eine neue ziehen, die samt Mitbürgern, Göttern und Gebräuchen das genaue Ebenbild der alten ist, das gemeinsam befahrene Meer immer vor Augen, dort auf der Agora die gewohnte Existenz des ζῷον πολιτικόν weiterführen –

darüber hinaus durfte der Szenenwechsel eines apollinischen Daseins nicht getrieben werden. Uns, die wir Freizügigkeit wenigstens als Menschenrecht und Ideal nicht vermissen können, würde das die ärgste aller Sklavereien bedeutet haben. Unter diesem Gesichtspunkt hat man die leicht misszuverstehende römische Expansion aufzufassen, die von einer Ausdehnung des *Vaterlandes* weit entfernt ist. Sie hält sich genau innerhalb des Bereiches, das von Kulturmenschen schon in Besitz genommen war und jetzt ihnen als Beute zufiel. Von dynamischen Weltmachtplänen im Hohenstaufen- oder Habsburgerstil, von einem mit der Gegenwart vergleichbaren Imperialismus ist nie die Rede gewesen. Die Römer haben keinen Versuch gemacht, ins innere Afrika zu dringen. Sie haben ihre späteren Kriege nur geführt, um ihren Besitz *sicherzustellen*, ohne Ehrgeiz, ohne einen symbolischen Drang nach Ausbreitung und sie haben Germanien und Mesopotamien ohne Bedauern wieder aufgegeben.

Fassen wir all dies zusammen, den Aspekt der Sternenräume, zu dem sich das Weltbild des Kopernikus erweitert hat, die Beherrschung der Erdoberfläche durch den abendländischen Menschen im Gefolge der Entdeckung des Kolumbus, die Perspektive der Ölmalerei und der tragischen Szene und das durchgeistigte Heimatgefühl, fügen wir die zivilisierte Leidenschaft des schnellen Verkehrs, die Beherrschung der Luft, die Nordpolfahrten und die Ersteigung kaum zugänglicher Berggipfel hinzu, so taucht aus allem das Ursymbol der faustischen Seele, der grenzenlose Raum auf, als dessen Ableitungen wir die besonderen, in dieser Form rein westeuropäischen Gebilde des Seelenmythus: den „Willen", die „Kraft", die „Tat" aufzufassen haben.